ちょっと変えれば人生が変わる!
部屋づくりの法則

居家布置的心理法則

一點點變動 就能創造幸福

空間設計心理學家
高原美由紀 著

前言　改變人生的居家布置法則

這是一本揭露**「光是在那裡生活，就能自然而然變幸福」**的居家布置法則書。

只需要在那裡生活，就能自然而然變幸福？不需要大規模重新裝潢？

是的，沒錯。**不管是誰，都只要稍微改變房子的布置**就可以了。

- 全家人開始會自動自發地整理
- 夫妻間變得有話聊
- 家人間感情變得更好
- 自我肯定感提升
- 工作和學習有進步
- 可以安心地放鬆休息

我從**心理學、腦科學、行動科學、生態學等科學中，找到了「居家布置的法則」**。

作爲執業超過二十五年的一級建築師，我接受過許多家庭的諮詢，見識過不論是住在很漂亮的房子、按自己所想的重新裝潢、終於達成心願買下自己的房子，其中有的人過著幸福生活，但也有過得不幸福的人。

因此讓我注意到**「幸福的人和不幸福的人，房子有什麼共通點」**。

家人間糾紛不斷、工作不順遂、不知爲何內心不安無法平靜、小孩做出偏差行爲、對自己沒信心……**造成這些煩惱的原因，其實多半就在「房子」裡**。

大家都在爲「努力了卻不順利」而煩惱。

這也難怪，因爲**問題是出在空間格局和家具的布置**。

所以才會不論多麼努力都無法改變。然而，很可惜大多數人都沒注意到這件事。

住家的空間格局會影響你和家人的心情和行動，這幾乎不爲人所知。

比方，我們去迪士尼樂園會覺得開心、去泡溫泉能夠放鬆身心，都是因爲空間裡設計了能讓人產生那種感受的「布置」。

讓人莫名想要久待的咖啡廳以及你喜歡的座位，也都是你無意間對那個空間的「布置」產生反應而有的結果。

家裡亂七八糟不是你的錯。

感覺丈夫很冷淡、妻子講話難聽、自己彷彿家事服務員、小孩不肯靜下來念書、總覺得心神不寧……會有這些狀況，或許都源自於你和家人在不知不覺間對房子裡的「布置」產生了反應。

絕大部分的問題**只需要稍微改造房子，就會有所改善**。

這就是根基於**空間設計心理學的「改變人生的居家布置法則」**。

「不只我們夫妻對話的頻率增加讓我驚訝，老公還開始幫忙做家事了！」

「工作效率有了驚人的提升。」

「小孩變得會主動念書，考上了醫學院。」

「從原本快要離婚，到後來談話次數增加，我們夫妻間的感情變好了。」

「以前很愛生氣的妻子笑容變多了。」

「開始想要挑戰新事物，人生有所轉變。」

我陸續收到了來自稍微改造過房子的人的喜訊。

請你也試著使用本書介紹的法則。

相信你將會在不知不覺中察覺到自己心裡真正的渴望。

來吧，讓我們稍微改造房子吧！

序章

理想住宅不是「機能強」「裝潢美」「舒適宜居」就好

第1章

時時整潔的居家布置法則

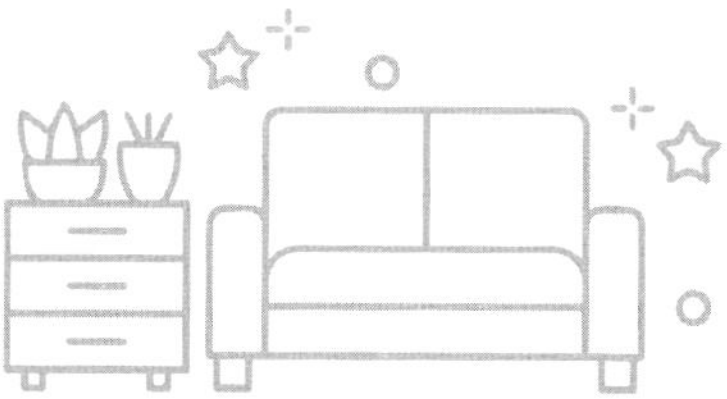

第2章

家人關係變好的居家布置法則

第3章 集中精神工作或念書的居家布置法則

第4章

單身、核心家庭、銀髮族，不同家庭型態人生好轉的居家布置法則

終章

居住環境改變了，一切都會發生變化

序章

理想住宅不是「機能強」「裝潢美」「舒適宜居」就好

家人間很少說話、家裡亂七八糟不是你的問題。

這全都是「空間格局和家具布置」造成的！

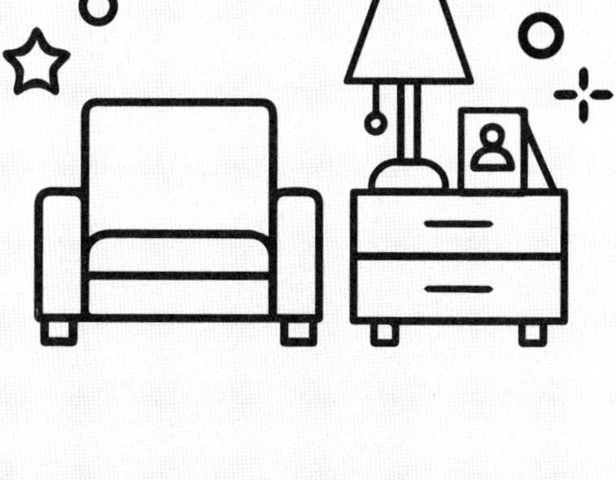

案例 1

問題來了；夫妻和岳母同住的三人家庭。
這是一間兩夫妻很少說話，妻子感覺沒有個人容身處的家，
而原因就在這間房子裡。請問這間房子的問題出在哪兒？

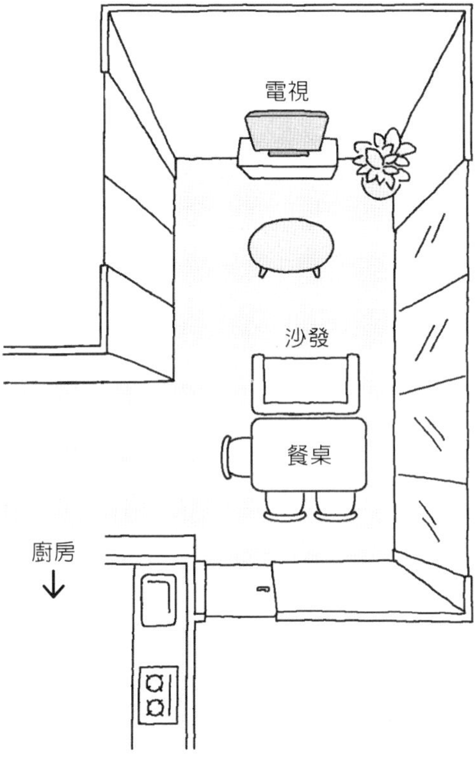

答案是沙發的朝向。

這間住宅的家庭成員是由四十出頭的夫妻，以及快七十歲的岳母所組成。**實際上屋主妻子一開始找我諮詢，是因為「餐廳的椅子太大會擋到路，所以想買新的替換」**。

通常遇到這種情況，設計師都會問對方想要什麼樣的椅子，或是對椅子有什麼樣的要求。

但我的作法不一樣。

我會在傾聽對方的同時，尋找藏在他內心深處的眞正渴望。

請再看一次14頁的家具布置，客廳的電視機前有一張兩人座沙發。

我看到這個空間格局時，就可以推測出「即使買新的椅子替換，也沒辦法解決這個家眞正的問題」。後來我實際看過客廳後，有了「原來如此，問題是出在這兒啊」的想法。電視機前的沙發和矮桌附近非常凌亂。

這時我問了那位妻子一個問題：

「太太，請問您平時都坐在哪裡？」

答案如我所想，她都坐在兩張並排的餐桌椅子的左邊那張。

「如果是這樣，我想就算換掉椅子也無法解決問題。」

我這麼告訴她。我從這個空間格局想像到的狀況，是這對夫妻可能很少說話，加上成員有妻子、妻子的母親及丈夫，想必是過著男性與女性各自爲政的生活。

另外還有一點，**客廳沒有妻子的容身之處，這或許降低了她的自我肯定感，而丈夫在家中說不定會有被排擠的感覺**。

你可能會覺得很神奇，想說「你爲什麼會知道那些事？」我當然沒有超能力，我會知道是有明確的理由。

當我看到電視機前東西堆得到處都是時，就確定丈夫平常都是待在沙發的左邊。而妻子的固定位置是丈夫正後方的餐椅，妻子的母親則坐在她的旁邊。

這完全是「劇院風格」。三人看電視時彷彿身在劇場中，丈夫坐在前排的位置，兩名女性要好地坐在後方不遠處的座位上。也就是說，妻子在看電視時總是隔著丈夫的背影。丈夫和妻子在這樣的位置關係下，根本沒辦法邊看電視邊聊天。

不僅如此，妻子看到沙發周圍一團亂，肯定會唸說「眞受不了你，一回到家就賴在沙發上，也不會幫忙做些家事！」除此之外，平時都是妻子和她母親在聊天，丈夫聽不見她們兩人的對話，心中難免會浮現「那些女人又在後面偷偷議論我」的想法。

夫妻倆對彼此的不滿，將在這樣的過程中逐漸累積。

就算這時把餐廳的椅子換成新的，也沒能解決任何問題。狀況再這樣下去，夫妻也許會吵起來，家人間說話的時間可能剩不到十年，這是很可能發生的局面。

至於我爲什麼會推測妻子的自我肯定感低落呢？

沙發的四周擺滿了丈夫想放的東西，換句話說，那裡變成了丈夫的「地盤」。妻子沒辦法靠近丈夫放鬆休息的電視與沙發附近，導致妻子只能去坐餐桌的椅子。而且，妻子就算想坐在那裡看看書，前方也會傳來電視的聲音，坐在旁邊的母親也會從她的身後經過。就像是妨礙到大家一樣，客廳裡沒有她能安身立命的地方。

對此我提議把電視和沙發的位置換到另一頭，就像19頁圖，重新安排了沙發、電視和餐桌的位置。

這樣一來就會形成所有人都看得到各自表情的位置關係，大家可以一起看電視歡笑和聊天。不用刻意出聲也能自然地聊起來，每個人都會進入家庭的小圈圈，形成了讓家族關係變好的布置。

此外，我還做了一個小改變，就是在沙發後面放一張單人座椅，這當然是妻子專屬的椅子。

因爲妻子喜歡讀書，以後她就能一人獨享，在這裡悠閒地閱讀書籍了。藉由在沙發後面擺一座比沙發稍微高一點的書櫃來代替隔板，就可以讓她安心地看書。

半年之後，她跟我分享生活的近況，沒想到在改變了家具的布置後，妻子想起「我以前很喜歡唱歌」，而開始認眞地唱起歌來。

又過了幾年後，我意外地聽說她去參加了巴西嘉年華。

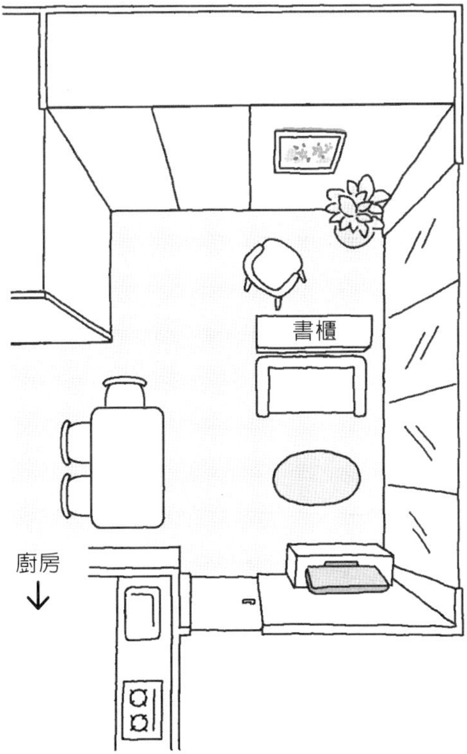

相信在擁有自己的歸屬之後，妻子的內心應該充分感受到「我可以做自己喜歡的事，我只要做自己就好」的自我肯定感。

後來我收到來自那位妻子的訊息，她表示「我和丈夫的對話真的變多了！而且我丈夫變得比以前溫柔，夫妻感情更好了。我也對自己更有自信！好厲害！我好驚訝!!」

像這樣，**即使沒有大規模重新裝潢，只要改變家具的布置，就可以為家人間的關係帶來正面的影響。**

除了住起來不舒服之外，就連每天的壓力及夫妻的對話頻率、自我肯定感，都很可能與空間格局或家具的布置有關。

我到目前爲止看過很多個案在改造過居住環境後，不僅覺得住起來的感覺更舒服、夫妻關係變好，甚至也更有自信。

只靠過去「機能強」「裝潢美」「舒適宜居」就好的居家布置常識，是無法讓人連內心都感到滿足的。

案例 2

接下來是稍微改變家具的朝向，

就讓「夫妻感情變好」「丈夫變得會在餐桌用餐，妻子在來到這個家之後首度和丈夫坐在沙發上一起看電影」的住宅個案。

調整之前，這間房子哪裡有問題呢？

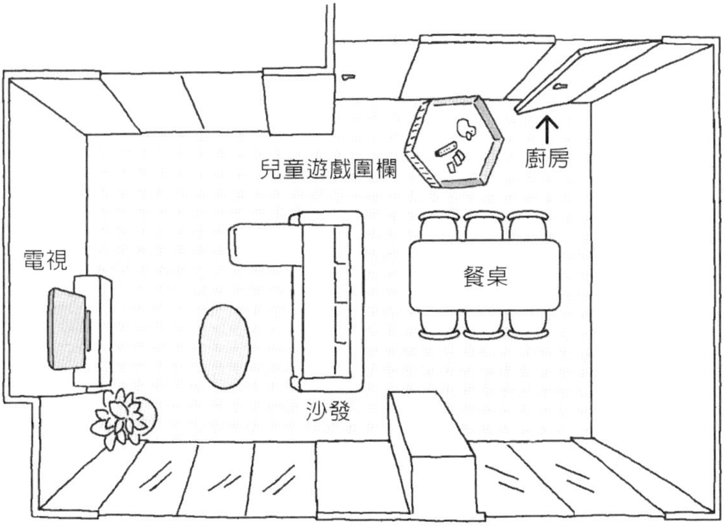

懂的人想必已經看出來了吧？

答案就是沙發和餐桌的朝向。

這個案子最初是從妻子提出**「因為總覺得放鬆不下來，想要重新裝潢」的要求開始**。

這對夫妻買下新的公寓才過半年，房子不僅對外看到的景色很美，裡面也有進口的家具，室內整體搭配得非常好看。妻子說「要是能裝上間接照明、更改牆面，一定會讓人感覺到平靜」。

這是一個由上班族丈夫、全職妻子和兩歲小孩所組成的三人家庭。

這間漂亮的房子光是客廳就有大約十坪，妻子卻覺得無法放鬆心情。

我第一次去他們家拜訪時，在進去幾分鐘後就明白「妻子總覺得放鬆不下來的原因」。我提出了一個問題：

「請問您先生平時都是在哪裡用餐呢？」

我猜可能會是在沙發，果然不出我所料，丈夫都是坐在沙發那兒用餐。

「如果是這樣，只要改變家具的布置就能解決了。我們立刻試試看吧！」

我和屋主妻子一起改變了家具的布置。我們把沙發和餐桌旋轉九十度，也把電視機換了位置。

我在說完「請您先以這個布置生活一段時間看看。假如您之後還是覺得放鬆不下來，我們再來討論」後，就打道回府。

三個禮拜後，我收到她愉悅的來信，藉機與大家分享信裡的其中一段——

「好久不見，我是○○。

收到你絕妙的布置建議後，我每天早上起來看到室內都會有種『啊～家裡變得好棒，我好開心，原來我家是這樣的房子啊』的感覺。

生活明顯變舒適了。

而且我老公居然開始會在餐廳用餐，**我還和老公在沙發上一起看了電影，這是我們搬到這個家之後的第一次！**真的非常感謝你。」

各位覺得爲什麼會產生這樣的變化呢？

我在看到家具的布置時，就推測「這對夫妻應該很少聊天」。丈夫在沙發用餐，至於妻子肯定是坐在離廚房近的餐桌椅上用餐，因爲那邊是方便來回進出廚房的地方。按照這樣的位置關係，夫妻勢必沒辦法一邊用餐一邊聊天。

就算妻子想坐到人在沙發的丈夫身邊，從沙發過去廚房也不方便，所以她不太有辦法坐過去。我想那位妻子大概會有「放鬆不下來」「自己好像家事服務員」的感受。

我推測她可能和〈案例1〉的妻子一樣，**自我肯定感低落**。於此同時，她的丈夫應該也有「放鬆不下來」的感覺，原因在於丈夫的收入好到能買下這麼漂亮的房子，他在公司坐的一定是氣派的辦公桌和椅子。

而這樣的人如果在用餐時坐到餐桌椅上，小孩玩樂的兒童遊戲圍欄就會映入他的眼簾，甚至還背對著景色優美的陽台。此外，因爲沙發是L型，要是他想坐到餐廳的椅子上，就必須繞過沙發才能過去，所以他一旦坐到沙發上，有很高的機率會直接坐在那裡用餐。

現實中不是只有那位丈夫會有這樣的行動，這是很多人共同的行爲模式。

人類是想要享樂的生物，一旦回到家坐到沙發上，可以的話就都不會想要站起來。

再說了，坐在餐桌時看到的是兒童遊戲圍欄裡堆滿孩子的玩具，呈現亂七八糟的畫面。另一方面，坐到沙發上所看到的，則是可欣賞喜歡的運動節目的大型電視。如果是你會想要面向哪一邊呢？

答案很明顯吧。

因為人類就是這樣的動物。

接下來，請參考27頁改造布置後的室內格局。

丈夫回到家後，大概會坐在視野良好的沙發上吧。不過這次他要移動到餐桌也很方便，所以用餐時丈夫會變得願意坐到餐桌椅。假如是這樣的布置，坐到餐桌用餐也能清楚看到外面的風景。

當然，用餐完畢後，丈夫應該會再坐回沙發。儘管如此，這樣的布置妻子也可以輕鬆坐到他身旁，從而產生「一起看電視吧」的意願。

倘若維持以前的布置，依照妻子的要求裝上間接照明、更改牆面……

妻子依舊只能繼續看著坐在沙發上的丈夫背影，悶悶不樂地想著「我對老公來說到底算什麼？」「我待在這個家是有意義的嗎？」這樣並沒有解決眞正的問題。

妻子渴望的並非物質，而是想要滿足心靈。

只要改變居家布置，想法與行動也會跟著改變；一旦想法與行動改變了，習慣自然會有所變化；習慣變化之後，人生勢必會產生轉變。

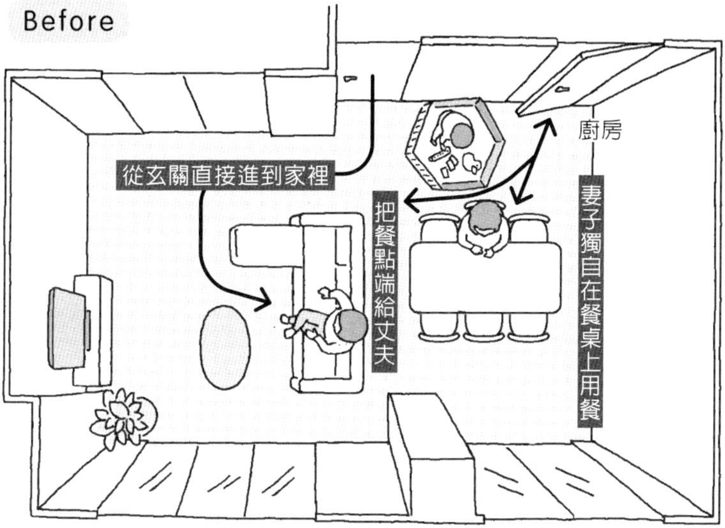
Before
從玄關直接進到家裡
廚房
把餐點端給丈夫
妻子獨自在餐桌上用餐

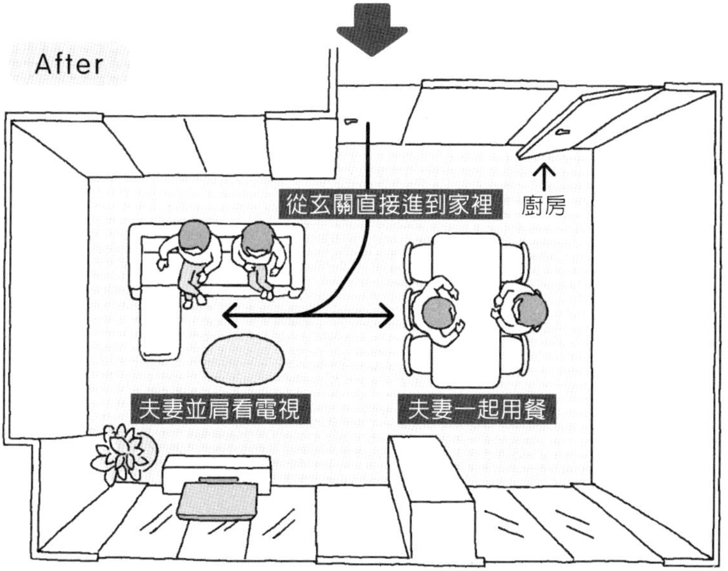
After
從玄關直接進到家裡
廚房
夫妻並肩看電視
夫妻一起用餐

空間比個人意願對人生的影響更為深遠。

就算你抱有「我想增加家人間說話的頻率」「我今天一定要面帶笑容說話」的想法，若是家中的布置仍維持不變，你的內心很可能一直無法被滿足。

●回到家，家人不熱情相迎的原因是……

我在講座上提到了這個改變沙發朝向的故事後，來聽講的榮二先生分享了他的困惑。

「我每天晚上回到家對小孩說『我回來了』都會被無視。這下我知道原因了。」

據說榮二先生家的客廳門一打開，正前方看到的就是電視機。他的兩個小孩總是面對著電視打電動，所以他每次都是對著孩子的背影說「我回來了」。

他在聽完我說的話之後，回家就把電視機朝向轉了九十度。後來他很高興的跟我說，他一如往常地說出「我回來了」，孩子們變得會看著他的眼睛說「歡迎回家」。

也就是說，孩子們只是沒注意到有人從背後向他們搭話而已，並不是討厭爸爸，也沒有要無視爸爸。

在那之前他都落寞的覺得「我拚命努力工作，回來卻被這樣對待……」不過現在他已經明白「什麼嘛～原來是電視朝向的問題啊！」

●這樣布置，你期待的行爲就會在不知不覺中發生

解除離婚的危機！

我很認眞的想要做出能有益居住者人生的空間規畫。

有很多案例都像前面的個案那樣，夫妻或家人間的關係因爲改變沙發朝向而變好等，只是稍微做出一點小改造，人生就跟著有所變化。

甚至有好幾組夫妻成功避免走到離婚一途。

玲子小姐的丈夫是對聲音非常敏感的人。聽說她光是翻報紙發出聲響都會被說「你很吵耶！」動不動就挨罵。她過去一直覺得「丈夫討厭我」「只要我在，丈夫心情就會不好」，心中懷著想要離婚的念頭來參加我的講座。

她在那場講座中，**理解到丈夫因為對聲音相當敏感，而有挑剔環境的特性。因此夫妻倆在工作時，改成各自待在有點距離的房間裡，後來她的丈夫不再感到有壓力，心情也變好了**。

兩人還在時隔二十年後開始一星期約會一次！玲子小姐現在朝氣蓬勃地過著快樂的生活。

終日躺床的失智症母親有了新嗜好！

由美小姐來參加我的講座，她和罹患失智症而幾乎臥床的母親同住。

她學到了**藉由「自然地促成行為」的環境布置法則，能使行為更容易在不知不覺間被引發的特性**。

這個理論名為預設用途（Affordance，由知覺心理學家詹姆斯・吉布森根據「生態心理學」

所開創的理論，也稱作「環境賦使」），比方我們或許會因為路邊放了長椅，而坐在沒有長椅時通常會直接路過的地方，用像這樣的方式來打造提供該行為選項的環境。

所以她對自家下了某種工夫。

她的母親有辦法一個人去廁所，於是她為了讓母親從廁所回到房間時會注意到，特別準備了面窗的桌子和椅子，並在桌上擺放素描簿、色鉛筆、插了花的花瓶。

她的**母親在不知不覺中變得會坐在那兒，每天畫花的圖畫**，然而她的母親過去從來沒有畫過畫。

聽說就連主治醫生也對此感到驚訝，畢竟長期臥床的母親居然會對某件事物感興趣，甚至採取了行動。

孩子變得會主動念書

另外也有孩子變得會自己收拾、專心念書的案例。

那個家庭住在獨棟的房子裡，屋主是位醫生，他和妻子共有四名小孩，年紀分別是三歲、五歲、八歲、十歲。

小孩回到家後，總是先把書包或文具箱、畫具等個人物品隨手丟在玄關通往小孩房的路上，媽媽每天都要開罵「快去把東西收拾乾淨！」

他們來找我談是**希望「利用隔間把小孩房隔成四間單人房，解決亂丟東西的問題」**。可是我看完這棟房子的空間格局後，認爲就算做了隔間也無法解決問題。

因爲那棟房子的空間格局會讓小孩的腦袋陷入混亂。簡單來說，客廳裡不但有沙發，還有茶几、下挖式暖桌等，各式各樣的元素實在太多。**這會讓小孩無法理解要在哪裡做什麼會比較好。除此之外，小孩房還是「小孩不會想去、不會想待在那裡」的房間**。

但父母還是想盡辦法要用「快去把東西收拾乾淨」來約束小孩的行爲。

至於什麼是「小孩不會想去、不會想待在那裡」的小孩房呢？那是一個沒有窗戶、沒有對外通風處、變成通往其他地方的通道，並且是位在房子最深處的房間。

以共通的心理狀態來說，人類不會想去遙遠又昏暗或無法讓人安心的地方，也

不會想要待在那邊。

所以我不建議把兩個小孩房隔成四個房間，而是反過來拆掉隔間，把兩個房間合成一個大房間，做成孩子們的標準房，然後改成可以從庭院的露天平台直接進去房間。

過去從玄關到小孩房的動線很複雜，孩子們會把自己的東西隨手丟在路上製造混亂，因此我把動線改成可以從外面直接通到標準房。

話雖如此，改變動線不容易，想必也有無法重新裝潢的人。對於有這類問題的人，我很推薦**讓小孩意識到「這是自己的空間」的作法**。

這棟房子裡有四個孩子，在問完孩子們喜歡的顏色後，把標準房裡的椅子坐面、儲物櫃、衣櫥用不同顏色做區分。接著在新規畫的另一間小孩房的牆上，貼上每個孩子喜歡的顏色的壁紙，用「黃色是我的」「綠色是我的」的方式方便他們理解。這樣一來**即可養成孩子的「地盤意識」，不用特別說明，他們也能只看顏色就知道自己的東西要收到哪裡，自然而然地連結到行動上**。

不好用顏色區分時，也可以貼上孩子喜歡的角色貼紙來取代。如果你希望孩子自行收拾，請試著把會被視爲那孩子地盤的「布置」或記號，標示得讓孩子一看就懂，例如標示在孩子的視線高度上。

像這樣把共用的標準房弄得色彩繽紛，再讓光線從窗戶透進來，房間也會變得明亮，成爲孩子們「想要去、想要待在那裡的地方」。

人類有所謂的趨光性，會被有光的地方吸引，擁有想往明亮地方去的習性。

我在他們重新裝潢完成的三個月後前去拜訪，客廳裡已經沒有任何隨手亂丟的東西了。

一年過去之後，屋主妻子告訴我「雖然很不可思議，但孩子們現在會靜下心念書了」。整理好家中的混亂，並且爲每個孩子打造屬於自己的空間，讓房間變明亮後，孩子們變得能夠安穩地專心念書了。

據說他們夫妻間也變得比較少吵架。重新裝潢之前，丈夫因爲很忙的關係，幾乎不在家，放假時也都跑去打網球。改造後，**因為家裡變成令人放鬆的環境，丈夫待在家的時間變長，夫妻過起了平穩的生活**。

會讓你期待的行為自然而然發生的「布置」

故事到這裡還沒有結束。

沒想到在十年之後，我收到了來自屋主的信。

「謝謝您，託您的福，我老大和老二都進了醫學院。假如那時沒有重新裝潢，我的家庭大概也不會是現在這樣吧。」

各位覺得如何呢？

光靠空間格局或家具布置，便足以讓人生自然變得更好。

就連家人心情不好，也是住宅造成的。不是因爲沒有愛，也不是覺得討厭或個性不好，有時單純是住宅出了問題。

即使無法改變空間格局或家具布置，當然也還有其他可以做的事，像是努力改變內心的想法，或是進行大量的對話等。

不過，**要是能建立起讓事情順利進行的機制，做起來勢必會更簡單。實際上，就算你不特別努力也沒關係。**

能夠自然地實現你希望出現的行為和感覺，促成你想要的家庭關係的住宅，才是好的住宅，不是嗎？

第 1 章

時時整潔的
居家布置法則

心圓滿了，

就不會到處亂堆東西

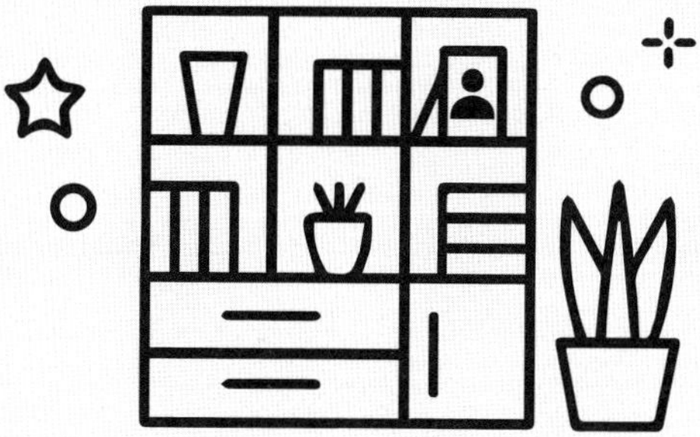

「有了收納空間就會幸福？」成爲我人生轉機的個案故事

「房間總是亂七八糟，我想把房間整理乾淨！」

「試了很多整理或收納的技巧，可是馬上又會恢復原狀。」

「雖然想要清理，但每次都會不小心拖延……」

你也有上述想法嗎？本章節收錄了希望你讀到的法則。

在我提出具體的布置法則前，想先分享一個成爲我人生轉機的個案，以說明我爲何會運用心理學和行爲學來設計空間。

這已經是二十五年前的事了，我接到了一個重新裝潢的委託案。

客戶的要求是「家裡沒有收納空間，東西擺得到處都是，所以我希望客廳可以有大片的牆面收納」。

我量了客戶所有物品的尺寸，詢問使用的地點，並且決定物品要擺放在哪裡，在制定了完美的收納計畫後開始動工裝潢。

我依據客戶的要求，打造出機能性高且美觀的收納空間。

「這樣終於能把家裡整理好了，謝謝你。」

客戶開心地這麼說。

然而一年後，我去客戶的家拜訪，她一看到我就說了好幾次「高原小姐，很抱歉，眞的很抱歉。」

我走進客廳，發現地板上到處都是紙箱、書籍、包包，凌亂的空間簡直就和重新裝潢前一模一樣。

客戶以前說「因爲沒有收納空間，所以沒辦法收拾乾淨」，我也是這麼想的。

可是現在「即使有收納空間也無法收拾乾淨」的客戶卻在責備曾經那麼說的自己。親眼看到那個狀況的我心想：「身爲設計師的我到底在做什麼？我的設計不是爲了要讓這個人幸福嗎？」這樣的想法一直在我腦中盤旋。

我確實是依照客戶的要求，打造了機能強而且美麗的住宅，然而之前重新裝修所做的努力幾乎白做工的事實，卻清楚地擺在眼前。

我該怎麼做才好？如何才能抓住客戶眞正的渴望？到底什麼才是眞正的幸福住宅？當時我完全找不到答案。

不過我明白了一件事，就是「回應客戶的要求，並不等於讓客戶幸福。」

這段苦澀的經驗，成爲我人生的轉機。

當時不管我去哪裡找，都沒能得到那些問題的答案，只能自己去鑽研。於是我開始自學，接著在過了四十歲之後重新進入大學、讀研究所，研究人類的心理與行爲。

大大小小的問題都源自需求沒被滿足

自責重新裝潢也打造了收納空間，還是沒能把房子整理好、住在夢寐以求的漂亮房子裡，一樣無法放鬆、夫妻間總是爭吵不斷、家裡依舊一團亂、每天都備感壓力……事情爲什麼會變成這樣？只要理解人類的需求後，就能夠明白了。

在此根據馬斯洛的需求層次理論來爲大家進行說明。

人的需求有六個層次。從最基礎的需求依序往上分別是「生理需求」「安全需求」「愛與歸屬需求」「尊重需求」，這四個是基本需求，上方還有「自我實現需求」「自我超越需求」這兩個層次。假如下方四個基本需求沒被滿足，人很難去滿足上方的需求。

住宅是滿足「生理」「安全」「愛與歸屬」「尊重」這些基本需求的地方。

吃飯睡覺、繁衍子孫、待在安全的地方保護自己免於敵人侵擾，然後以家庭成

人類的基本需求

（來自馬斯洛的需求層次理論）

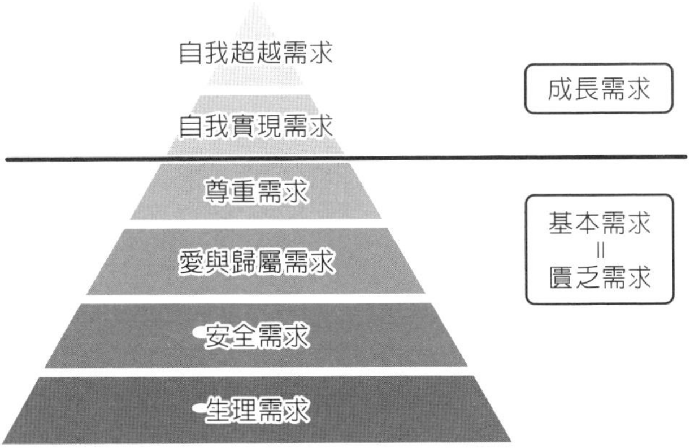

參考諸富祥彥，2021年人性心理學工作坊提供的資料製成

員的身分被珍惜愛護著，並且尊重你這個人的存在。住宅就是最低限度地滿足這些需求的地方。

「住宅」若不能在真正的意義上滿足人類的基本需求，不管是換掉家具還是牆壁或地板，就算外觀變成了「漂亮的住宅」，仍無法圓滿基本需求。

「尊重需求」包含了兩個項目，分別是想要受到他人認同的「他人認可」，以及自己能夠認同自身存在價值的「自我肯定」。

前面提到的「生理」「安全」「愛與歸屬」「尊重」這四個，是想要彌補「不夠、欠缺」的匱乏感所引發的需求。

只要這些全被滿足了，就可以說是心理上既健全又幸福了。

基本需求被滿足後，人會開始關注「自我實現」，甚至更進一步地抵達「自我超越」的層次。換句話說，就是會想有更大的進步、想要實現夢想、想達成某種目標，滿足想做自己並活出眞實自我的需求，進而超越自我，變得想對他人或社會做出貢獻。

所以，基本需求被滿足的社會，將會是一個每個人都能發揮自己性格特質、朝氣蓬勃且有愛的和睦社會。

要說**人類所有的不當行為和煩惱，都是基本需求沒被滿足所引起**的也不爲過。**不只是掠奪、暴力、戰爭這類的社會問題，發生在家庭內的夫妻不和、憂鬱、逃學、繭居、家暴等問題**也是。「東西亂放」這個現象同樣是需求沒被滿足的表徵。

人不一定對「自我需求＝所有的需要」都有所自覺。很多時候，發生在現實的事情即是在展現當事者沒注意到的需求。我在接受住宅的諮詢時，都會仔細聆聽對方說的話，目的是要得知那人眞正的需求＝深層需要。

雖然也有本來就不擅長整理的人，但在經驗上，非常多「東西亂放」的現象之所以會發生，都是源自於「自己不被他人（包含家人）認同」的那種沒被滿足的情感。

前面提到的在二十五年前重新裝潢的客戶，也責備了沒辦法整理乾淨的自己。此刻從她的狀態來推測，我會認爲她可能是尊重需求沒被滿足。心底眞正的需求沒被滿足，就算準備再厲害的收納空間，最後也會得到同樣的結果。

不僅如此，因爲打造了收納空間的關係，她還會陷入更加無法自我肯定的狀態。規定好所有物品要放哪裡的收納方式，反而會對很難把物品放回原位且不擅長整理的人造成心理上的負擔。

既然如此，那要怎麼做才好？對此，我將在本章節進行說明。

東西亂放是內心沒有被滿足的徵兆

房間的狀態就是內心狀態的體現，這麼說也不為過。

在〈序章〉登場的那位把沙發周圍堆滿自己物品的丈夫，是因為心理因素才會把「東西擺得到處都是」。

這是很常見的東西亂放的個案，請容我在這邊接續說明。

丈夫工作完回到家，然後把東西放在沙發上，一屁股坐了下來。以這位丈夫的情況來說，他把背包、從外面買來的便利商店袋子及商品、藥品等，所有「自己的物品」都擺到了沙發的周圍。

動線上沒有收納空間雖然是一大原因，但不是唯一的問題。

他應該覺得自己沒有像期望的那樣受到家人的「認可」。

即使疲憊地回到家，妻子也是在跟她媽媽講話。可是他明明每天都很努力地去工作。妻子和丈母娘看起來就像是組成了小團體，我想他除了「尊重需求」外，大概也欠缺「愛與歸屬需求」。

被家人需要、被家人愛著、被家人感謝這樣的他人認可，會讓人擁有自己是家族一分子的連結感。他卻沒有這種感受。

這樣一來，人會變成怎樣呢？

他會變得想要強調「我在這裡！」然後開始把自己的物品擺在自己的容身處（沙發）周圍，做出「地盤化」的舉動。

地盤，就是人類在心理或物理上覺得自己所占據且可以控制的領域。

比較好懂的例子就是自己的房間或自己的書桌，但如果你的地盤是客廳和餐廳的部分空間，或是衣櫃等與家人共享的空間，一旦你所認知的地盤遭到他人入侵，你就會感受到壓力。

人類身為動物，為了放心過上安穩的生活，確保擁有可以自由控制的地盤是很重要的一件事。所以每個人在家裡也需要有各自的地盤。

儘管這對夫妻的住宅裡有夫妻的臥室，卻沒有丈夫專用的房間。

此外，女性們又感情很好地肩並肩，一副聊得很開心的模樣。「我也在這啊」「這裡是屬於我的地方」，丈夫沒有把這些話說出口，但他內心已經在不知不覺中湧現了這樣的情感。沒有依照自己所想的獲得家人認可、感覺不到連結感，會讓人想要強調地盤並把東西亂放。

像這樣的個案，不論妻子說多少次「不要總是慵懶地坐在那裡，快把東西收拾乾淨！」都沒有效果。那種說法反而會讓丈夫覺得自己被否定，帶來反效果。

必須先滿足那人真正的需求，也就是「想受到認可」和「想要建立連結」。

這種時候，可以透過改造空間來改善情況。請看向第19頁的圖，那樣的布置不僅能讓妻子更容易與丈夫聊起來，丈夫也變得可以融入家庭的小圈圈。這樣一來家人每天的行動就會產生變化，丈夫的愛與歸屬需求也自然會得到滿足。

假如你也遇到類似的狀況，卻無論如何都無法改變沙發朝向，請務必用言語或行動補足。

「謝謝你平時那麼努力工作，來這邊一起喝茶吧。」

你可以對丈夫說出這樣的話。在丈夫被滿足之前，不可以說「你去稍微收拾一下！」之類的言論，請堅持忍耐，持續認可他吧。

我想丈夫的表情和說話方式、態度應該會在不久之後逐漸有所改變，開始笑容變多、態度變得柔和。之後還可以試著說出「一直以來謝謝你，我也好想一起坐在這裡喔（丈夫坐的沙發）。」

假如丈夫開始稍微動手收拾了，請務必告訴他「哇，變乾淨了，好開心喔!!謝謝你！」來表達感謝。

人只有在基本的需求被滿足後，才會真正地開始收拾整理。

東西亂放是內心沒被滿足的徵兆。
請先滿足自己真正的需求。

人的大腦本來就「不懂整理」

本節想和大家聊些輕鬆點的話題。

其實人類……不會整理是一件很正常的事。

畢竟動物是不整理的吧？然而唯獨人類會有「我必須整理乾淨！」的想法。

這麼想是不對的，我再說一次，**不會整理是人類的標準狀態！**

很多人都覺得整理乾淨是標準狀態，是正常的，亂七八糟的狀態則是不對的，因此在面對髒亂時，會嚴厲地責備自己。

不過，你沒有必要自責。

人類確實和其他動物不同，不但會邏輯思考，還有辦法達成目標和克制自己。因爲人類的大腦（尤其是前額葉皮質）很發達，才能夠有「要把亂放的東西整理好」這類的想法。

所以在考慮到「常用的物品要收在方便拿取的地方」「大家都會用到，要把這個收到客廳」的情況下，整理環境可說是非常高超的技巧，你正在努力地用前額葉皮質來控制自己。

整理不僅是高難度，也是一件厲害的事。用這樣的想法看待整理，心情就會輕鬆許多。

像是父母看到小孩把房間弄得一團亂，都會生氣地表示「竟然把房間弄得這麼亂！」但小孩本人只會覺得「（我沒有把房間弄亂）我只是把東西放在這裡而已，爲什麼不可以？」

會這樣是因爲每個人對「這樣是正常的」的狀態定義不同，所以當情況不符合自己認定的「正常」時，人會覺得「亂七八糟、東西放著不收」＝不可以這麼做。

小孩和父母的認知原本就不一樣，因此不要把孩子看成是東西亂放的壞小孩，只要感慨地看著他，心想「他作爲動物，活得很自然呢」就好（笑）。

假如小孩把拿出來的東西放回原位，那是非常棒的事情！一點點也好，只要他

有動手整理，都希望你能誇獎他。

不完美也沒關係，我們對事物的看法，將會因爲我們把自己的標準定在哪裡而有所不同。

不會整理是人類的標準狀態，很正常。一點點也好，只要有動手整理，就要給予讚美。

接受「不整理也沒關係」

收納參考書常會寫到「請打造物品的家」。書放這裡、衣服放這裡、廚房用具放這裡，只要像這樣決定好物品的家，再依照安排把物品收進去即可……可是做不到的人就是做不到。爲什麼會這樣呢？

如果是時間很多、有餘裕用大腦思考、擅長或喜歡整理的人，也許能夠照著書上做，但大多數的人並非如此。

整理就像減肥，如果想著「因爲會胖，所以不能吃甜的！我必須瘦下來！」壓抑想吃東西的心情，反而會一直想到甜食，變得越來越難抑制想吃的念頭……我想各位應該都有過這樣的經驗。我們很常聽到這種忍耐一時，最後卻反彈的例子。

要是給自己「不得不整理」的壓力，不覺得「好麻煩」「不想做」的心情會變得強烈嗎？這和結構力學的原理是相同的概念，一旦從上往下壓抑，情緒最終會反彈回去。

因此只要一想到「不得不這麼做」，就會立刻變得做不到。要是把整理當作義務看待，終將引發內心的戰爭（笑）。

若是要求別人整理，也會發生同樣的事。

有對夫妻就是這樣。

妻子總是把要丈夫「整理乾淨」這句話掛在嘴邊，彷彿她的口頭禪。她老是說「我討厭亂七八糟」。

被用高姿態命令的丈夫與這句話對抗，把家裡弄得越來越亂。而妻子說「整理乾淨！」的頻率也越高，語氣更強硬。丈夫東西亂放的程度與日俱增……這樣做會招來反效果！

這種時候，**請暫時先拋開「必須整理乾淨」的想法**。

要是把整理視為「必須做的事」，一旦做不到，自我肯定感也會跟著下降。如果是被某位家人叨唸，則會生出自己「不被認可」的感覺。

只要想著「動物不整理才是標準狀態，所以**不整理也沒關係。假如能夠整理**

好，是非常厲害的事」，壓力就會在瞬間消失。

當你能夠接受「整理也好，不整理也罷，兩種都OK」，就能把整理想成積極的行為，而非隱藏「不夠好的自己」的行為。

如此一來，也會萌生「不然來整理一下好了」的心情。

一點點也好，只要有稍微整理，在不斷累積「家人感到開心」「自己心情也變好了」的體驗下，整理將會漸漸變得有趣。

不過，大腦的前額葉皮質活動在遇到壓力時，功能會被削弱。這會讓我們輸給平時壓抑得住的衝動。

換句話說，我們很難在疲憊或肚子餓的時候去做整理，生存需求會優先於它。累的時候想休息、肚子餓的時候想進食，這種時候先滿足生存需求更爲重要。

不要把整理視為「必須做的事」，
而是要想「不整理也沒關係」。

不容易變亂的居家布置法則

我想你已經理解，東西會亂放是因爲需求沒被滿足。生存所需的生理需求或安全、愛與歸屬需求都沒被滿足了，哪有辦法去想「不要把東西亂放」「來收拾乾淨吧」。

那麼，要怎麼做才比較不會把房間弄亂呢？

動物的行為有著避免痛苦、追求快樂的特徵，基本需求沒被滿足就會「痛苦」，一旦滿足了就會「快樂」。

人類想要避免的「痛苦」有——

- 生命危險　• 飢餓　• 消耗能量　• 骯髒　• 黑暗
- 不自由　• 監視　• 地盤遭到侵略　• 被排擠
- 不被愛　• 存在被否定　• 不被感謝　• 自我否定……

另一方面，人類想要得到的「快樂」有——

•人身安全　•豐富的糧食　•節省能量、輕鬆　•乾淨　•有光照

•自由　•觀察周遭的狀況　•維持地盤　•被同伴關心　•被愛

•存在被肯定　•自我肯定　•感謝……

「整理」是「消耗能量」的行為，所以伴隨著「痛苦」。

整理變成「痛苦」時，就會讓人很難採取行動。

所以**只要把整理變成「快樂」的事，整理將不再是「痛苦」。**

為了達成這個目的，必須事先布置好環境，讓整理家裡變得「可以輕鬆完成」。

接下來將為大家具體介紹能讓整理變輕鬆的布置法則。

人想避免的「痛苦」與想得到的「快樂」

馬斯洛的需求層次理論		「痛苦」		「快樂」	
		想避免的情感	想避免的事	想獲得的情感	想獲得的事
基本需求 ＝ 匱乏需求	尊重需求 （自我肯定、他人認可）	不安 悲傷 辛苦 難受 害怕	•自我否定 •不被感謝 •存在被否定	自信、肯定 驕傲 安心	•自我肯定 •感謝 •存在被肯定
	愛與歸屬需求		•不被愛 •被排擠	愛 安心	•被愛 •以同伴身分被愛護
	安全需求		•地盤遭到侵略 •監視 •不自由 •黑暗 •骯髒	安心 安穩 悠閒、舒適	•維持地盤 •觀察周遭的狀況 •自由 •光、明亮 •乾淨
	生理需求		•消耗能量 •飢餓 •生命危險	安心	•節省能量、輕鬆 •豐富的糧食 •人身安全

輕鬆整理的布置①

不易變亂的「快速收納區」法則

有個例子是這樣的——

有一間擁有非常多收納空間的房子，爲了打造更多的收納空間，二樓除了有大約三坪的雜物間與寬敞的步入式衣帽間外，甚至還有儲藏室，然而一樓卻還是很凌亂。

爲什麼會這樣？因爲把物品拿到二樓太麻煩了，換個方式說，就是會很「痛苦」。

樓梯下做成收納空間的住宅也很常見，但像這樣要低頭或彎腰才能收納的情況，同樣會因爲覺得麻煩而導致東西亂放。位置太遠的收納空間和藏在深處的收納空間也會有同樣的問題。

不擅長收納或是很快就把環境弄亂而陷入沮喪的人，很有可能是因爲整理變成了「痛苦」才如此。家裡會一團亂不是你的錯，這也許是住宅的錯。

人類是想要享樂的生物。假如能不用多加考慮，在經過的路上快速把物品收好，肯定會很「快樂」吧？

最能保持整潔的收納條件，就是位在每天會經過的路線且一目了然，外加靠近外層方便取出和放入的位置。總之，盡可能不要耗費能量取出和放入是一大重點。

如果往這個方向思考，從玄關穿過的收納空間，以及把通往客廳和廚房走廊的牆面以最長距離作成收納空間會是最好的選擇。

假如沒有走廊，只要在進入玄關的地方打造一個收納空間即可。

有些人的家裡會把鑰匙和收取包裹時要蓋的印章，還有郵件、帽子、包包等，全都堆放在鞋櫃上。也有人的家裡會看到衣服和包包等物品堆在沙發周圍，弄得客廳經常都很雜亂。

這些以人類的心理來說都是理所當然的現象，畢竟人會想把物品放在能輕鬆放好的地方。因此我們只要下點工夫，讓那些物品能快速放到「你希望它們放在那裡的地方」即可，我把這個方法命名為**「快速收納區」**。

這個區域請盡量布置在玄關附近，或是自己平時會經過的路線、你使用該物品的地點旁邊。而且蹲下、經過走廊轉角、打開門等動作次數（做出行為的次數）必須少於兩次。

你可以在玄關附近擺上用來放鑰匙或印章的小托盤，或是安裝掛帽子或包包的掛鉤，甚至架設一個簡易的小架子都好。由於動作次數只有「擺放」或「掛上去」而已，所以只有一次。

我家是公寓大樓，而且位於玄關的鞋櫃做到了天花板，也沒有放置小東西的架子。因此我在進到玄關的地方擺了一張寬二十公分的細長型木椅。

我在長椅上放了用來裝印章或鑰匙的置物盒，另外也把當天出門一定要帶的文件擺在上面，避免我忘記，長椅底下則放了籃子用來裝綑綁報紙的繩子和剪刀。（日本回收報紙時需用繩子綁好）長椅側的牆壁上還安裝了掛帽子和包包的掛鉤。

經過玄關附近順手使用的「快速收納區」

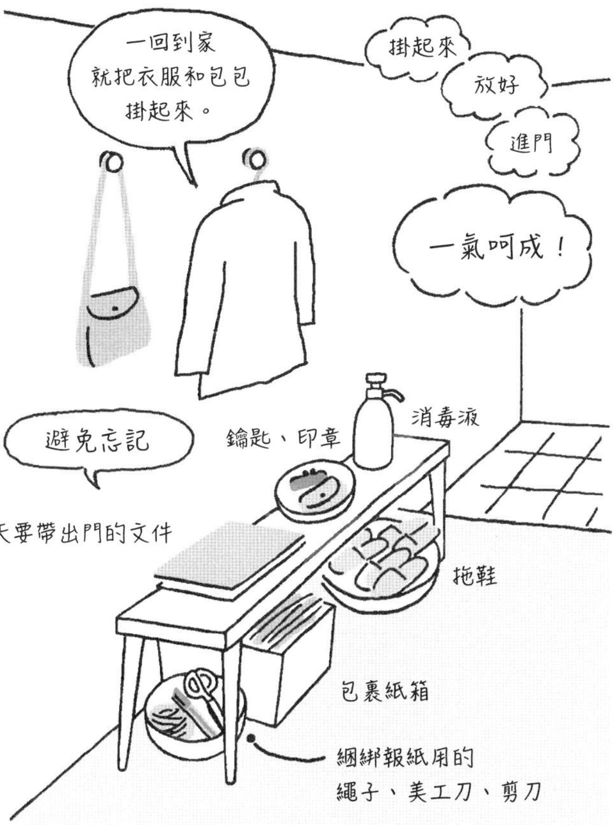

此外，離玄關不遠的臥室牆上我也裝了掛鉤，讓我可以掛大衣、包包、帽子。使用這個快速收納區的動作次數是兩次，從走廊「轉彎」進入臥室（臥室的門通常都開著），然後再把東西「掛上去」。

若是回家後會把衣服或包包放在客廳沙發上的狀況，請在玄關到客廳沙發的路上布置快速收納區。

這麼做也是考慮到「痛苦」與「快樂」的法則，因為就算是在比沙發更裡面的地方布置放東西的區域，想讓客廳的沙發周圍變清爽，也不太會有人去使用。

不需要思考、經過就能順手快速放好的地方才是最佳選擇。

假如你回家後立刻會去的地方是廚房或餐廳，推薦你在那些地方布置快速收納區。

在進到玄關的地方打造「快速收納區」。

輕鬆整理的布置②

不易變亂的衣帽間法則：既能快速找到衣服，還能哼起歌來

社區大樓很常看到深度很深且容量充足，但盡頭狹小昏暗的步入式衣帽間。

根據前面提到的「痛苦」心理，人類會不想去狹小昏暗或無法逃脫、不好活動的地方，所以會下意識地不想進去深度很深，外加盡頭昏暗的衣帽間。在那樣的衣帽間裡，人很難把東西整理好。

如果要說這將造成什麼樣的問題，就是只有衣帽間的入口處附近有在發揮功能，然後一回家就順手把衣服丟在入口處周圍或客廳，最後變成常穿的衣服堆積成山，衣帽間裡則形成不知道深處有哪些衣服的混亂狀態，多了許多因爲要找很麻煩而沒在穿的衣服。

理想的衣帽空間必須可以一眼就看清楚裡面有什麼，能夠快速找到要穿的衣服，而且還要有讓人想哼起歌來的明亮光線，以及便於活動。

這樣一來收納就會變成「快樂」的事。動作次數最好低於三次，次數要是增加，整理的難度也會隨之升高。

總結來說，**收納空間的NG項目有「不要選很遠的地方、不要有盡頭、深度不要太深、不要小到難以活動、不要在暗處、不要讓動作次數超過五次」**。

整齊的收納空間正好相反，它必須「位於每天會經過的動線上、要可以通到另一頭、內部能一覽無遺、可以從容不迫地活動、裝上窗戶等讓空間變明亮、讓動作次數低於三次」。

如果不考慮人類的「快樂」與「痛苦」，即使收納容量大，也只會淪爲派不上用場的收納空間。

選擇動作次數低於三次的「既能快速找到衣服還能讓人哼起歌來」的衣帽間。

輕鬆整理的布置③

垃圾的法則：垃圾會吸引垃圾

大家都把垃圾桶放在哪裡？

如果只有一個地方有垃圾桶，每次都要走去那邊丟垃圾會很麻煩吧？

你的家人之中，是否有製造垃圾後會直接往下丟的人呢？如果有的話，請在那個人平常丟垃圾的地方放一個垃圾桶。

曾經有個案來找我諮詢，丈夫總是會把塗抹型的肩頸痠痛藥和口服藥、眼鏡等私人物品拿到沙發附近亂放，造成了她的壓力。

我給她的建議是請她默默地在丈夫平時坐的沙發附近，放一個大小剛好裝得下那些小東西的箱子。

結果神奇的事發生了，她說她沒有開口要求「你收拾一下」或「把東西收進那個箱子裡」，丈夫卻自動地把東西收進那個箱子裡。

除此之外，我還給了因爲新冠病毒疫情而煩惱家裡口罩丟得到處都是的個案建議，請她在進玄關的地方或洗手檯放一個大小剛好裝得下口罩的容器，然後在裡面放一個口罩。

我請她先放一個口罩進去，以此作爲範本。這樣一來就算沒特別寫上「口罩盒」，家人也會把口罩放進去。

想必應該有人聽過心理學的「破窗效應」吧。

如果放著破掉的窗戶不管，其他窗戶會接著被打破，並在不久後演變成整個地區荒廢，犯罪案件頻頻發生的現象。

如果有個廢墟的窗戶被打破，人們會認定「這裡是可以隨便破壞的地方」。

舉例來說，一旦有人開始亂丟垃圾，眾人也會跟著亂丟垃圾。就像腳踏車的車籃裡，不時會被堆滿垃圾那般，垃圾會吸引垃圾，乾淨的圍牆上不會有塗鴉，可是荒廢的場所或沒人注意的地方卻有可能會被亂畫。

同樣的，家裡亂七八糟時，家人會覺得「東西亂放也沒關係」。

只要某位家人開始把自己的東西放到餐桌上，其他家人很快也會跟著放，有時甚至堆到用餐空間只剩一半。

反之，要是餐桌被收拾乾淨了，反而會讓人猶豫要不要弄髒。所以，讓我們在家裡因爲垃圾吸引垃圾而變得一團亂之前，立刻把垃圾撿起來並設置垃圾桶和擺放物品的地方吧。

只要像這樣巧妙地運用人類的心理，我相信家裡的凌亂程度也會降低。

垃圾會吸引垃圾。為了避免吸引垃圾，垃圾桶要放在會被弄髒亂的地方。

輕鬆整理的布置④

「這裡全收納」的收納法則

如果是像二十五年前成爲我人生轉機的那位客戶般不擅長整理的人，就不能打造明確設定好物品擺放位置的收納空間。

原因在於**物品擺放位置設定得越明確，「應該要做」的事情就會越多，一旦做不到，自我肯定感也會跟著降低**。

在這種情況下，我想推薦給大家的是可以把東西一口氣全收進去的收納空間，也就是有客人來時，能先把所有東西統統藏起來的收納空間——**「全收納空間」**。

人會把距離方位分成「這邊」「那邊」「裡面」「後面」。

請環視你的房子，你對手邊的書和手機、附近的家具、有點距離的收納空間，是使用「這裡的」「那裡的」「裡面的」之中的哪一個指示代名詞呢？「這本書」

「那個架子」「裡面的衣櫃」等，你是不是會下意識地做出區分，使用「這裡」「那裡」「裡面」？

人對自己周遭有著肉眼看不見的心理上的領域。

比方我們可以用「這個」來指稱的物品，通常位於自己的領域或馬上能觸碰、移動的範圍內，是我們會下意識地使用的指示代名詞。假如是離自己有點距離，用簡單的動作就能碰到或移動的情況，抑或是物品位在對方的領域內，就會使用「那個」，至於距離隔很遠的物品，我們則會用「裡面那個」。

收納空間如果是位在可以稱之爲「這個收納空間」的地點，整理起來會很容易，因爲心理上的距離很近，有辦法輕易地就把東西收好（當事者的感覺）。

如果你幾乎都待在一樓的客廳，結果收納空間卻在二樓，那裡就會變成遠距離的「樓上的收納空間」。由於做起來麻煩，你不太會有意願把物品收進「樓上的收納空間」。

每個人感受「這裡」「那裡」「裡面」的距離都不一樣，即使與對象物品等距，小孩或年長者、覺得移動很麻煩的人都會有「這裡」的距離最近的傾向。

所以**讓收納空間變成那人心目中的「這裡」是很重要的一件事**。請很難動手整理的人確認看看，你的收納空間是不是變成遙遠的「裡面」了。

至少把收納空間布置在你的「那裡」稍近的距離內，是讓家中不容易變亂的要訣。

如果能再加上全部收起來的收納法，做起來會更輕鬆，也就是把視爲「這裡」的收納空間做成「全收納空間」，可以稱之爲「這裡全收納」。

如果我能再次向開頭提到的客人提議收納空間，我應該會提出**深度很淺，可以先把東西全都放進去的「這裡全收納」**。

「全收納空間」不只是拉開拉門後有架子的收納空間，你只要關上拉門，眼前暫時就不會亂七八糟，這時你可以把這個狀態視爲「已經整理好了」。

要是眼前總是到處都是東西，會讓人一直想著「我必須收拾乾淨，得整理好才行」，進而責備做不到的自己。既然這樣，乾脆讓那些東西從眼前消失吧！

等到「這裡全收納空間」裝到一定程度，已經沒辦法再放，衍生成這下不妙了的局面，或是找東西會感到有壓力時，再出動全家人一起收拾乾淨即可，一年整理一次就很足夠了。

在把東西收進「全收納空間」時，你可以用自己收得順手的方法，像是開頭提到的那位客戶會把很多書放進紙箱裡，就可以直接把箱子收進去，等到有需要時再把紙箱拉出來。

假如是更小的物品，可以把它們稍微分類，裝進籃子或盒子裡。至於會不小心把衣服亂放的人，請在上方裝設伸縮桿，再用衣架把衣服掛上去。

在有其他家人的情況下，因爲各自的「這裡」距離感不同，在收納各自的東西時要注意不要讓彼此的「這裡全收納空間」互相重疊。

要是自己的物品被別人亂動，將會造成壓力。此外，兄弟姊妹的物品如果混在一起，要一直問「這是誰的~？」也很麻煩。請清楚地畫分每個人各自的地盤。

另一方面，當你要把指甲刀或剪刀等大家常用的東西收到客廳這類家人共享的空間時，請挑選所有家人一致認同的「這裡」作爲收納地點。

常用的東西要收到「這裡」收納空間，
不擅長整理的人要選「這裡全收納空間」。

看起來清爽的布置——左邊法則

最後我想介紹**「只是改變物品擺放位置就能看起來清爽」的左邊法則**給總是整理不好、很難減少物品的人。

左邊法則指的是**當你坐在平常坐的地方時，移動位於視野左邊的物品，讓畫面看起來清爽**的作法。

人在大多時候，是由右腦負責掌控「好清爽」「好棒」「房間好寬敞」等認知印象（也有相反的人）。

右腦會處理人視野左邊看到的景象資訊，**因此只要讓左邊變清爽，「凌亂感」自然會減輕**。

即使是一樣的物品放在眼前，只要把東西全部從視野的左邊移到右邊，印象也會有所改變。

假如你在東西變少且變清爽的空間裝飾喜歡的畫或花，將會更進一步的強化

「清爽又很漂亮」的印象，請務必嘗試看看。

當然也有人是視野右邊印象占優勢的「右視野優勢」，根據我的調查，有八十～八十五%的人是左視野優勢、十～十五%的人是右視野優勢，另外約有十%的人兩邊都不是。

如果你屬於右視野優勢，請減少放在視野右邊的物品，讓右邊變得清爽。

如果想讓環境變清爽，
就要減少視野左邊看得到的物品（有的人情況正好相反）。

第1章總結

「心圓滿了，就不會到處亂堆東西」的居家布置

人生各式各樣的問題和壓力，往往都是自己的需求沒有被滿足所引起。

先滿足人類的基本需求（「生理」「安全」「愛與歸屬」「尊重」）是一件非常重要的事。

根據我的經驗，將近八成的人有著「東西放得到處都是、沒有整理」的壓力。

把整理視為「必須做的事」的想法造成了他們的困境和壓力。人類身為動物，不會整理才是標準狀態，讓我們用這樣的態度放鬆心情看待此事，設下「能輕鬆整理的布置」吧。

為了消除不必要的壓力，請打造出「會自然而然變得好整理的房子」。

□如果你有東西放得到處都是的壓力，請先滿足自己真正的需求

□人類不會整理才是標準狀態，所以要抱持著「整理或不整理都可以」的想法。

□一點點也好，只要稍微整理了，就要給予讚美。

□在進到玄關的地方打造「快速收納區」，讓家裡能自然而然變得好整理。

□衣帽間要選動作次數低於三次、在你會經過的動線上，而且可以通到另一頭、內部能一覽無遺、可從容不迫地活動、光照明亮的收納空間。

（選擇動作次數低於三次的「既能快速找到衣服還能讓人哼起歌來」的收納空間。）

□垃圾會吸引垃圾，所以垃圾桶要放在會被弄髒亂的地方，若是垃圾掉到地上，看到了就要立刻撿起來。

□常用的東西要收到「這裡收納空間」，不擅長整理的人要選擇「這裡全收納空間」。

□如果想讓平時坐著看到的景象變得清爽，就要減少視野左邊看得到的物品（有些人的情況相反）。

第2章

家人關係變好的居家布置法則

只要改變家具的朝向，
感情自然就會好

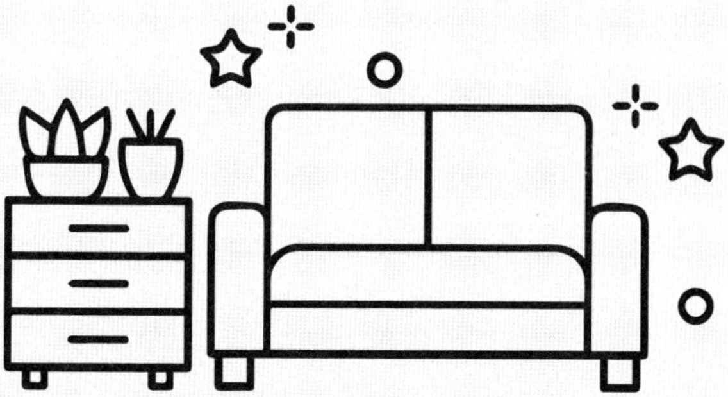

家除了是能夠讓家人舒適且安心居住的地方，也是讓家人在感受到彼此的愛的同時，和樂融融地生活的地方。

保有一個人的時間和可以集中精神的地方很重要，這同時是全家人和諧生活的必備條件。在意識到這一點之後，我們有需要去增加對話頻率，或是在生活中顧慮對方的心情，保持恰到好處的距離感等，做出各式各樣的努力。

不過就算不那麼努力，也有方法能更簡單地建立起良好的關係。

本章將介紹家人或夫婦「即使不努力」，感情也能自然變好的居家布置法則。

對話頻率自然增加的「視野六十度」法則

我們人類的雙眼長在臉的正面，所以視野幅度約爲前方的一百八十度左右。但我們不會看清所有進入視野內的事物。實際上除了焦點的有限範圍內，其他根本是「視而不見」，**不清楚超過視野六十度範圍外的人的表情或臉色**。

如果在視野六十度內眼中看到的是東西亂丟，各種文件堆得到處都是，不僅讓人感到疲憊，也會無法靜下心來。

視野六十度法則對家庭關係來說非常重要。

原因在於**沒有進入視野範圍就看不到臉，即使對方人在附近，也不會促成雙方的對話。**

所以，要優先創造能進入彼此視野的空間格局或家具布置，這一點非常重要。

請看80頁的圖片。

你回到家，說出「我回來了」之後，站在廚房的另一半邊洗碗邊回答你「回來啦」。

你會有什麼樣的感覺？

對方背對著你回話，你說不定會莫名生出「她今天心情不好嗎？」「現在不適合和她說話……」的想法。

如果你總是從後方打招呼……

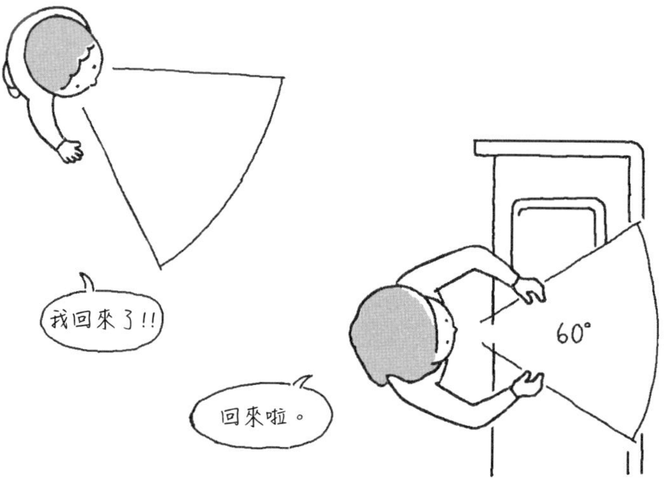

在西方，夫妻回家後通常會互相擁抱，就連老夫妻也會親吻對方。但東方人幾乎沒有那樣的習慣，所以光是前述的狀況，就會讓人有種關係疏遠的感覺。

假如小孩回家時，媽媽每天都背對著他給予回應，會發生什麼事呢？說不定就會失去聽孩子聊今天發生的有趣事情的機會。

一旦廚房是這樣的配置，只要你不特別回頭露出笑容，這個狀況將會「每天」都「確實地」持續發生。

下一個案例。

如果你總是從後方搭話……

你在廚房洗碗，想和坐在沙發上的另一半討論小孩的事。

「我跟你說，裕太他啊……」

坐在沙發看手機的另一半認爲自己有正常的回答你，並非對你的話題不感興趣，但你會有什麼樣的感覺呢？

你應該會感到不滿，覺得他沒認眞聽，然後逐漸加強說話的語氣，告訴對方「你好好聽我說！」

假如對方總是像這樣背對著你，不斷給出漠不關心的回應……

你可能會產生「我不被當一回事」「我不要再找他討論了」的想

法，夫妻間的對話說不定也會因此減少，失去對彼此的信任。

可是你的另一半是真的對你找他說話或對談話內容不感興趣嗎？不是的，絕對沒有這種事。

一切的問題都出在空間格局和家具布置上，這不是誰的錯，而是造成對話時完全沒有眼神接觸的空間格局和居家布置的錯。

我在講座上會施行讓大家實際體驗「在不看彼此眼睛下談話一分鐘，會有什麼樣的心情？」的活動。

請看83頁圖。

圖①是從背後搭話的案例，②則是從旁邊搭話的案例。

②的狀況乍看之下會讓人覺得還算可以，但實際上卻同樣讓人有「對方沒在聽」「我好像被拒絕了」「不被重視」的感受。即使被搭話的那一方有給出「這樣啊，太好了」之類的回答，也不會改變他給人的印象。

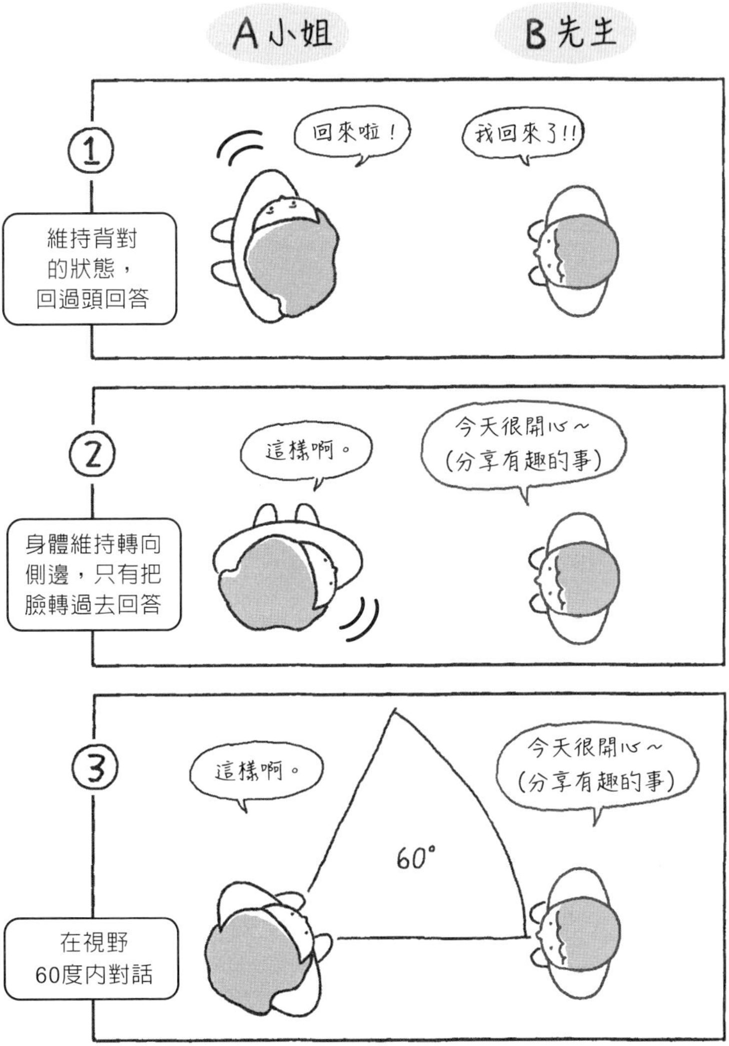
A小姐
B先生
①
維持背對的狀態，回過頭回答
回來啦！
我回來了!!
②
身體維持轉向側邊，只有把臉轉過去回答
這樣啊。
今天很開心～（分享有趣的事）
③
在視野60度內對話
這樣啊。
60°
今天很開心～（分享有趣的事）

那③的狀況又如何呢？對方有在你的「視野六十度」內，你們聊的是和前面一樣的內容，卻可以聊得熱絡。這時搭話的人會第一次感覺到「對方有在聽」，雙方在眞正的意義上進行了對話。

光是像這樣改變布置和家具的朝向，談話的品質和讓氣氛變熱絡的方式，以及你給對方的印象都會有所不同，兩人的關係也會逐漸發生變化。

一旦雙方位置脫離彼此的視野六十度內，便很難促成自然的對話，還會變得容易吵起來。

彼此明明很相愛，卻只因爲正好廚房背對或沙發背對的居家布置，導致一年三百六十五天一點一滴的累積了「他／她都不願意好好聽我說話」的壓力與不滿。

為了讓夫妻變得不容易爭吵，要打造能在視野六十度內對話的家具配置。

電視機的位置決定家人間的對話頻率

要重新裝潢改變廚房的朝向不容易，但應該可以改變沙發的方位。

那麼，要用什麼作爲依據來決定沙發的方向呢？

通常大家都會以電視機的位置來決定。若說沙發朝向與「電視要放哪裡？」有很大的關聯也不爲過。

就算你想盡辦法讓廚房的吧檯面對客廳，家人還是有可能因爲電視的位置而背對廚房坐。

至於電視機的擺放，則會取決於牆上的電信和電視插座，因爲這部分不容易更動。

一般來說，大多數的建案都會把電信、電視和電源插座配置在寬敞壁面的角落，但這樣一來，家電擺設的自由度就會受限。

不過隨著數位電視接收器、室內天線等產品的推出，不再受限於牆上的電視插座，只要有電源插座就能把電視機放在喜歡的地方，或是放在附有輪子的電視櫃上，隨時可移動也是不錯的作法。

希望各位能盡量**調整電視機和家具的布置，以確保在客廳或餐廳的家人，以及站在廚房的人，都能把彼此納入視野六十度的範圍內。**

這樣站在廚房的人和在客廳的家人不僅對話會變得流暢，也會產生共同感受和一體感。

或許會有人覺得「就這麼簡單？」但這一點眞的非常重要。只要看得到對方的表情，就能一起看電視歡笑、促成自然的對話，夫妻和家人間的感情也會變得越來越好。

根據我所做的調查，如果在廚房沒辦法看到客廳或餐廳，將會導致男女都感受到疏離，帶來壓力升高及健康感和幸福度下降的結果。

會這樣是因爲在廚房忙碌的人很難和在客廳或餐廳的人對話，那種壓力對健康造成的影響在女性身上是男性的二·七倍。

我和某位男性談及這個話題，他回家立刻改變了沙發的朝向。聽說在改變方位之前，他的妻子經常生氣，動不動就找他吵架。

他爲此改變沙發的方向後，驚訝地表示：

「我老婆眞的不生氣了，我們夫妻吵架的次數也變少了。」

調整沙發和電視機的朝向，讓站在廚房的人和在客廳或餐廳的人都能看到彼此的臉。

說話語氣聽起來溫柔的「語尾」法則

與「視野六十度法則」有關的是「語尾法則」。

當你要和距離三．六公尺以上的家人說話時，即使是同樣的一句話，語尾的語氣也會自然加重。

你說的雖然是同一句話，但在距離近和隔著三．六公尺以上的距離說話時，會不自覺的改變說話的方式。

比方你明明會溫和地問坐在旁邊的孩子「你功課做了嗎？」但是當相隔距離超過三．六公尺時，就會變成「我問你，你功課做了沒……」光是這樣的差異，給人的印象就大不相同。此刻，請試想一下有人在遠處的狀況。

就算你想溫柔的跟坐在離廚房很遠的沙發上的家人說：「我跟你說，關於下禮拜的事……」對方也聽不見。

緊接著，你會不知不覺地加重語氣，說出：「我跟你說～關於下禮拜的事……

我在跟你說話！」

這樣很可能會讓對方覺得「怎樣啦，你很吵耶～」「不用吼那麼大聲我也知道你在說什麼。」「講話態度不需要那麼差吧。」發展成沒必要的爭吵。這種情況會令人感到很悲傷吧？會那樣說話只是距離造成的問題，而非說話的人脾氣暴躁。

當你注意到單純是距離引起的問題後，就會明白其實可以稍微往對方所在的位置靠近，或是去對方的旁邊說話。

即使無法透過空間格局改變廚房的位置，也建議你盡量把屬於孩子的空間或沙發放到離廚房近的地方。

我們一般在蓋房子或找房子時，很容易忽略家人「是否能自然地溝通」的觀點，但只要稍微留意到這點，你和家人的關係真的會改善。

老實說，我以前也是這樣。

我小時候住的房子一樓是廚房，小孩房在二樓。

我母親每次做好晚餐，都要從樓梯口大喊「美由紀——！吃飯了——!!」

我雖然回答了「好～」，可是距離隔太遠，母親根本沒聽見。接著她就會用力拍打樓梯旁的牆壁，大喊「美由紀！吃飯了！晚餐煮好了!!」

我現在是把它當笑話說，但當時我都覺得「爲什麼每次吃飯都要被罵？」所以會一直拖著，不願意下樓。

仔細想想，母親可是每天都爲我做了充滿愛心的飯菜，只不過因爲房間離得太遠，才會講話大聲又語氣強烈罷了。

假如小孩房就在附近，她肯定是一位會笑著說「晚餐做好了喔」的溫柔母親。

我在講座上提到這個故事，意外得知有很多人都有相同的經驗（笑）。

「飯煮好了喔！」「就跟你說飯煮好了!!」「我知道啦!!」有不少夫妻和親子間會像這樣吵起來。說的人明明只是想表達「我做了飯，一起趁熱吃吧」，卻不知爲何演變成爭吵。

本該讓人幸福的用餐時光，卻因為住宅的關係變成爭執的源頭，這實在太悲傷了。

雙方若處在聽不到或聽不清楚的位置關係，不僅語尾的語氣會變強，這樣的狀

態若持續下去，人在不久後將會放棄說話。

經常聽到有老年人的家庭提起這種情況；就算向聽力不好的老年人搭話，對話也會因為對方沒聽到而無法成立。而老年人雖然聽不清楚，卻也覺得反問很麻煩，於是選擇隨便回答。如此一來，搭話的人也會萌生「他聽不清楚，算了，不說也罷」的想法。

最後變得只有在談例行公事，或是有事要傳達時才會進行對話。

我衷心希望不要演變成這麼淒涼的狀況。

人隨著距離隔得越遠，語尾的語氣會自然而然地變強烈，因此對話要在三．六公尺內進行。

建立一體感的「家人的距離」法則

全家人待在客廳、餐廳或起居室時，有較容易獲得一體感和共同感受的距離。

那就是**每位家人的所在位置都在直徑三～三．五公尺的圓周上**。

只要待在這個距離內，全家人就能擁有一起生活的共同感受，同時各自做著喜歡的事情，而且還能在想要說話的時候，輕易就聊起來，說話時自然也不會加重語氣。

就算每個人都在各做各的事情，也會有種彼此相連的感覺。

比方丈夫在滑手機、妻子在看書，孩子們在看電視或打電動，而這樣的距離仍可以讓彼此感覺到「一起生活」的連結感。

所以，當你希望家人或夫妻關係變好，或是很重視家人間的羈絆時，只要把環境布置成每位家人習慣待的位置都在直徑三～三．五公尺的圓周上就可以了。

一家人要在不用顧慮對方，並且保有共同感受的直徑三～三．五公尺圓周上共度時光。

何謂家人間剛剛好的「距離感」？

如果你問我爲了保持剛剛好的距離感，客廳或餐廳至少要幾坪大，我會回答理想的大小是九坪左右（約二十九平方公尺）。

很多人都希望有個寬敞的客廳，但客廳太大的話，你在呼喚對方時就會是「我跟你說!!」語尾語氣跟著變強烈。

丈夫會想大顯身手的廚房——孔雀法則

只有妻子負責做家事的時代已經過去了。

和從前相比，會進廚房的丈夫也變多了。不過我還是常會聽到「我老公什麼都不做」「每次都是我（妻子）在煮飯，眞希望他偶爾也能煮點什麼給我吃……」的聲音。

在這裡我想跟大家分享的是丈夫會想做菜的廚房。

這個方法利用了「男性特質」的特性，我把它取名爲**「孔雀法則」**。

雄性孔雀的羽毛比雌孔雀來得長且色彩豔麗，相當引人注目，因爲牠要用這身漂亮的羽毛來展現自我。

雄孔雀會藉由展現「我很厲害吧？」的方式在群體中獲得階級高的位置，或是吸引雌孔雀來繁衍後代。

男性特質也有著「想要展現自己厲害之處」的需求，女性當然也有，只是男性的特別強烈。

舉個淺顯易懂的例子。

有的人平時不會下廚，可是去到火鍋店或烤肉店，或是烤肉野餐聚會時他就會跳出來掌廚。另外也有想用平底鍋大膽甩鍋把料理翻面、浮誇地讓鍋子冒出火的人。這都是因爲他們有著想當英雄的渴望。大家都在看，所以他們才會願意做。他們私底下其實不太會做這些事（笑）。

另一方面，大多數的女性不會有這樣的行爲，她們也會做很多不引人注目的事情，像是切燒烤用的蔬菜、把肉串起來等。

因此，你如果想讓丈夫進廚房，就必須利用這個特性。

廚房可以考慮做成所有家人都看得到，並且說出「好厲害！」的開放式廚房，我尤其推薦可以來去自如的中島廚房。

順道一提，能自由活動且明亮的中島廚房也很受孩子的歡迎，我經常收到做成中島廚房後，孩子開始幫忙做飯的回饋。

爲了讓大家會去圍觀，餐桌最好布置在可以清楚看見廚房的位置。

把廚房後方設計得像酒吧一樣漂亮也不錯，這樣能讓站在廚房的丈夫看起來更帥氣，滿足他「覺得驕傲」或「感到興奮」的心情。

如果很難把背景設計得那麼漂亮，請至少不要讓廚房背景看起來亂七八糟。要是背景可以看到垃圾桶又很雜亂，就會讓人瞬間失去幹勁。

丈夫會想大顯身手的廚房特色，統整起來共有四點。

①大家會去圍觀
②位在LDK的中央（擁有L客廳、D餐廳、K廚房的開放式格局）
③背景漂亮，讓他看起來很帥氣
④可以自由地活動

換句話說，這是一個能讓他變成英雄的「英雄式廚房」。如此一來，準備三餐將不再是幕後的工作。如果能做出這樣的改動，請務必讓廚房變成能讓他發光發熱的場所。

反過來，也會有讓丈夫不想進去的廚房嗎？

有的！就是以下這樣的廚房。

①沒有任何人會去看

②昏暗

③視野不開闊

④動線封閉

不喜歡「昏暗」的地方，是包含人類在內的日行性動物的共同點，並且會讓人感覺不安全。至於不喜歡「沒有人會去看」，我想各位已經明白了。

而「視野不開闊」這點，是因爲男性會想要一直查看是否有敵人來襲。

然後關於「動線封閉」的廚房，應該很多住宅都符合這項條件。

爲什麼大部分的男性會不喜歡「動線封閉」呢？

雄性動物有很長的時間都是負責狩獵的，因此相當重視「能夠逃離的自由」，所以他們不喜歡被逼到角落，反倒喜歡把人「逼到角落」。一般會做出「壁咚」行爲的大多都是男性吧？

在動線封閉的廚房煮飯時，有的丈夫甚至只要妻子進去廚房，他就會有種無法動彈、被逼到角落的感覺，感覺受到壓迫。

所以相較之下，我更推薦可以繞圈移動的中島廚房。

此外，如果是廚房和餐廳之間有牆壁的封閉式廚房，會看不到烹飪的狀況，內部變成黑箱狀態，無法得知裡面的人做了什麼、目前進度到哪裡了。這樣容易變成總是被問「飯還沒煮好嗎～？」「還要多久才會煮好？」的廚房。

由於看不到人在裡面做什麼，就會演變成「在不知不覺間完成的料理被端出來」的狀況。不但家人看不到在廚房裡面的人有多辛苦，掌廚的人也很難和待在客廳或餐廳的家人對話，往往會讓人感到孤單。

如果廚房能變得更加明亮且開放，成爲能讓人面對面一起忙碌，又能一邊聊天一邊做菜的地方，廚房不僅搖身一變成爲溝通交流的場所，還會是充滿創造力以及有趣發現的空間。

若是夫妻和親子能站在廚房裡，聊起「你看！還有這種形狀的青椒」之類的話題，廚房將成爲凝聚一家人的所在。

在蓋房子時，很多人爲了讓客廳寬敞一些，放棄了占空間的中島廚房。可是**媽媽沒有壓力、每天笑咪咪地心情很好，也會帶給所有家人正面的影響**。所以請不要把廚房做成幕後的工作區，而是盡量讓它進駐到客廳範圍內。廚房就是大家的客廳，是讓家人們展露笑容的地方。

如果房子的空間格局難以改動廚房，又或者因爲是租賃的房子，大家看不到廚房的情況，可以透過妻子或小孩有意識地採取行動來促進丈夫做家事。

意思就是，在做飯的丈夫旁邊說些誇獎的話（笑）。比方妻子走到丈夫的身邊，告訴小孩「大家來看，爸爸好會煮喔！」或是小孩表示「爸爸好厲害！」「看起來好好吃」。

你希望丈夫能收拾碗盤時也一樣，只要說出「哇，變得好乾淨！多虧了爸爸呢」之類的讚美，相信你的丈夫以後也會很樂意幫忙收拾善後。

想要全家人一同享受烹飪的樂趣，就要挑選客廳範圍內，大家都看得到，背景漂亮又能繞圈移動的中島廚房。

提高自我肯定感的「容身之處」法則

有的人會說「家裡沒有屬於我的空間」。

這樣不但內心無法休息，也會不想回到那樣的家吧？

我們很常聽到改變了空間格局或布置後，總是因爲工作晚歸的丈夫變得會早點回家的故事。

說到容身之處，或許有人會覺得「只要在客廳或餐廳有沙發或椅子就好了吧？」但事實並非如此。

家人一起生活時，每個人都一定要有自己的容身之處。

一名經營建設公司的男性說他「就算回到家，也會有種不安的感覺」，於是我進一步詢問，他說家裡有沙發也有餐廳。

可是工作完回到家後，沙發總是被其他家人占據。

他露出有點落寞的神情說：「因爲沒有我坐的地方，我都會一個人坐在餐廳的椅子上。」想必他一定覺得無法放鬆。

我在孔雀法則說過男性有著看重榮譽的特點，而且會想要有適合作爲自己地盤的地方。我給他的建議是請他購買喜歡的單人座椅子，然後把那張椅子當成專屬的容身之處，也就是在家人齊聚的沙發附近，打造一個隨時能自由待在那裡的個人歸屬。

我希望客廳是屬於全家人的空間。就算兄弟姊妹間有時會搶座位，但我期待至少能避免有人沒進到家庭的小圈圈裡。

容身之處不只是物理上的空間。

它也具有心靈歸屬的意義。重點在於是否具備「能在做自己的情況下安心地放鬆休息」「自己的存在被認同，覺得『我可以待在這裡』『這裡是屬於我的地方』」的舒適感。

如果家人中有人不覺得客廳有自己的容身之處，很容易發生動不動就躲回自己房間，或是在外面吃喝玩樂，不太願意回家的狀況。

那樣一來不只對話的頻率會減少，感情也會漸漸變得疏遠，大家各過各的生活。

就以孩子來說，不是有獨立的房間作爲小孩房就好，**孩子和家人們待在一起時也會需要其他屬於自己的容身之處**。

最好是孩子在客廳時有他固定會待著的地方。

我會在〈第4章〉再做詳細的說明，這部分甚至會影響到孩子的成長方式。它會讓孩子**產生自己是家庭的一分子、被當作重要存在對待的意識，進而形成他的自我肯定感，促成他內心的安定**。

家不只培養了家人間的關係，也養育了我們的心靈。

在全家人一起待著的地方打造自己的容身之處。

不會感到不舒服的界線範圍——「個人空間」

個人空間是每個人在客廳都有各自的座位就好了嗎？並非如此。

有個例子是這樣的，丈夫坐在客廳三人座沙發的正中間，每次只要妻子坐到他的旁邊，他都會站起來重新調整座位，並且空出一人坐的空間。妻子一直覺得「他在和我保持距離，他是不是討厭我了？」

每個人都有自己覺得能安心與他人相處的距離，這個領域稱為「個人空間」。也可以說是即使有其他人靠近，你也不會感覺到不舒服的界線範圍，由於個人空間非肉眼可見，很難讓其他人理解。

在擠滿人的電車或電梯裡跟一大群人待在一起時，很多人都會感到不舒服和不愉快吧？

只要能確保個人空間，人就可以在沒壓力的情況下舒適地生活，就算是在家庭裡，保有個人空間也是一件非常重要的事。

心理學家羅伯特・索默（Robert Sommer）把個人空間形容成「可以隨身攜帶的『地盤』」，類似自己要是移動就會把地盤一起帶到要去的地方的概念。

個人空間會隨著現場狀況和自己的心理狀態產生變化，也會因爲年紀而有所改變。

比方客戶有時會跟我說「最近我兒子都坐在離我很遠的地方」，但那只是因爲客戶的兒子進入青春期，想和父母保持距離罷了。

據說孩子在一歲半之前，幾乎和母親共享所有的空間，等到孩子兩、三歲後，會慢慢開始意識到與人的距離，並且在七、八歲時變得有相當明確的範圍，最後個人空間會在孩子青春期時大致完成。

雖然會有個別差異，但男性的個人空間普遍比女性的範圍來得大，男女面對異性所需的個人空間在十四歲時最廣，之後在面對同性與異性的差異將會逐漸消失。

此外，壯年期的男性個人空間較大一些。

他們在事業巔峰期不僅充滿自信，在社會中也有一定的地位，因此所需的個人空間會比較大。通常隨著他們離開公司、年紀漸長，個人空間也會慢慢變小。

我調查了剛才那位只要妻子一坐下，就會站起來並重新調整坐位的丈夫的個人空間後，發現他的個人空間範圍相當廣。

那位丈夫之所以會離開，只是想要保護自己的地盤而已。就如同這個案例，家人之間若是不知道對方的個人空間，有時也會產生摩擦。

因此**家人之間其實可以試著互相確認各自覺得舒服的距離，或是每個人的地盤有多大**。

一般來說，人要是不太有辦法保護個人空間，持續過著備感壓力的生活，攻擊性將會升高。

我們在和他人很靠近的狀況下，行動會受到限制，無法做自己想要做的事。這時他人的存在會令我們感到不快，產生煩躁或憤怒的情緒。

另外也有資料顯示這甚至與壓力或罹患精神疾病、藥物濫用、少年犯罪、出生率低、死亡率增加有關聯。

由此可見，地盤不斷被侵犯就是會給人的心理帶來這麼大的影響。

這對人類來說是種痛苦（見57頁表）。

要在守護家人的個人空間下，打造自己在客廳裡的容身之處。

每個人都需要享有「獨處時光」的小窩

你有自己的房間嗎？

你是不是覺得「只有小孩需要自己的房間，父母親有客廳和臥房就夠了」？

除了和家人一起待著的地方要有自己的容身之處，每個人也都需要一處能獨自度過自由時光的小窩。

其實以現狀來說，很多身為母親的人都沒有自己的房間。

沒有自己的房間也沒關係，可以的話我希望媽媽們能在庭院或陽台的窗邊放一張茶几和一把椅子，打造能夠讓自己放鬆休息的小窩。

不過很多媽媽都表示「我要做的事情很多，沒有時間悠閒地坐著」，所以我覺得在廚房或餐廳的旁邊弄一個小角落，把電腦放在那裡也是不錯的選擇，也就是創造一個能讓自己單獨度過自由時光的歸屬。

離廚房不遠的地方，更能讓各位媽媽在處理家事的短暫空檔也享有一個人的時

間。請你放上能夠用來占地盤的物品，像是自己平時會用的東西、自己喜歡的東西等，把那裡變成自己中意的小窩。

在〈序章〉登場的那位妻子也是這樣，她當然也沒有自己的房間。所以我在沙發的後方準備了一張一人座的椅子，外加擺一座矮書櫃，打造出可以悠閒看書的小空間。

每個人都有想要獨處的時候，所以在家裡沒有能夠獨自隨興待著的場所，總是得和某人一起，沒有一個人的時間，對那人而言是非常殘酷的事，這果然會影響到那人的自我肯定感。

妻子只有廚房這一個容身之處的房子很普遍，但那樣就好像把她當成了傭人般，不會覺得非常失禮嗎？

如果她待在廚房很開心，廚房是她最喜歡的地方就算了。可是廚房是一個其他人隨時都可以入侵的場所吧？明明小孩和丈夫都有自己的空間，妻子的容身之處卻是做家事的地方！

她們之中也不乏非常努力在當一名妻子或母親，在沒有「自己」的時間的情況下度過了大半輩子的人。

如果覺得這份工作做起來很有成就感的人倒還好，但待在家庭裡的時間長了，夫妻的感情不見得好，每天還要忙著做家事和帶孩子，等到孩子長大獨立後，有些人會茫然覺得「我的人生到底有什麼意義？」不少四十、五十歲的女性都有這樣的經歷。

我其實很想對那些爲了「我眞正想做的事是什麼？」「我該怎麼過我的人生？」而迷失方向的媽媽們大聲喊說：「請打造屬於自己的小窩！」

我們在思考怎樣算是「擁有自己的時間」時，常可以聽到要你培養某種興趣、去學習或旅行、在咖啡廳喝茶等意見，不過就算你不做感興趣的事也沒關係，你需要的只是能夠一個人待著的容身之處。

只要在家過日子的方式有各式各樣的選擇時，即使夫妻吵架了你也能冷靜地面對自己，或是做些喜歡的事情來減輕壓力，一家人就可以和樂融融地生活在一起。

因爲新冠疫情而導致遠距工作的人變多時，有非常多「沒有容身之處」的人。改成遠距工作後，家裡的房間變得不夠用了。

小孩在大學的課也改成遠距教學，要在獨立的房間裡上課。假如夫妻都要在家工作，有不少的例子會需要比以前多兩個房間。

全家人一整天都要待在家裡，變得「不得不煮中餐」、不能和朋友們出去、沒辦法看電視。很多人因此失去了喘息的空間，壓力不斷地累積。

學校最近減少了遠距教學的課程，但受到疫情影響，「想要自己的容身之處」「想要重新審視自己的歸屬」的人似乎增加了。

這種時候我們更需要像前面提到的那樣，擁有屬於自己的小窩，就算只是一張椅子也好。即使沒辦法再增加一個房間，至少可以擁有一個屬於自己的角落。

尤其是作爲母親的人，你如果出現在會被家人看到的地方，家人往往會來拜託你事情，因此**要是能把脫離家人視野六十度外的位置，或是位於家人死角的位置拿來作為容身之處，你將會擁有寧靜的放鬆時光。**

除了全家人一起生活的地方外，
也要打造能夠一個人待著的容身之處。

第2章總結

「只是改變家具的朝向，感情自然就會好」的居家布置

想要讓家人的感情自然變好的重點，在於要讓全家人能在家中度過共處的時光，以及在他們想要獨處時，滿足他們的需求。

全家人共度時光的客廳、餐廳和廚房，請盡可能地選擇方便隨時對話的家具布置。同時要確保擁有能夠促成自然的對話、讓同一句話聽起來語氣比較溫和的距離，以及能讓彼此安心且舒適地待在一起的距離。

若是少了這些，將會讓人產生「有所欠缺」的感覺，對自我肯定感和家人間的關係等各個層面造成影響。

請參考以下所列的法則，把打造讓全家人感情變得更好的居家布置當成目標，為自己和家人創造和諧幸福。

□打造兩種容身之處，分別是全家人待在一起時，能安心地共處的空間，以及想要獨處時，能自由地待在那裡的空間。

□廚房盡可能地做成開放式，並且布置好電視和沙發的位置，讓進去廚房的人可以和待在客廳或餐廳的家人自然地對話。

□如果想要全家人一同享受烹飪的樂趣，就要選擇位於客廳範圍內，而且大家看得到，背景漂亮又能繞圈移動的中島廚房。

□客廳的家具要布置成家人能於彼此視野六十度內對話的位置與朝向。

□家人在客廳共處時，要待在不用顧慮對方，又能擁有共同感受的三～三．五公尺的圓周上，外加保持不會侵犯到彼此個人空間的距離。

□人隨著距離隔得越遠，語尾的語氣會自然而然地變得越強烈，因此對話要在三．六公尺內進行。

第3章

集中精神工作或念書的居家布置法則

安心感帶來專注力

大腦原本就有著難以集中精神的特性

家不只是放鬆休息的地方。

經過新冠疫情後，遠距工作變多，最近除了職場之外，大家也開始需要在自家打造可以專心工作的空間。

孩子的學業也是，就算有去學校或補習班，關鍵仍在於孩子在家時能更集中精神念書，而且最好盡量在短時間內有效率地念完。

其實人類天生就很難專注。

大腦掌管記憶的部分是和生存本能綁在一起的，人要是專注在某一件事情上，一旦敵人發動襲擊，就會無法立刻應對，進而被奪走性命。所以爲了保護自己的生命安全，我們不得不讓自己隨時做好能夠察覺異狀的準備。

換句話說，**「天生會分心」的目的是為了生存，無法持續集中注意力是人的正**

常狀態。

此外大腦不擅長一心多用，它原本就一次只能做一件事。同時間處理不只一項工作，或是在短時間內進行切換的多工處理，將會奪走大腦更多的能量和時間，是非常沒有效率的舉動。

實際上大腦若是進行多工處理，工作的成果會比只做一件事要來得差。

也許有人看完之後會鬆了一口氣。**但正因為大腦注意力不集中，我們才必須花心思布置**。

人類的大腦本來就不擅長集中注意力，所以才需要布置好環境來讓我們專心。

安心感塑造專注力

心理學家米哈里．契克森米哈伊把注意力集中在眼前的事物，忘記時間流逝的狀態稱爲「心流」。心流以能讓運動選手有卓越表現的精神狀態廣爲人知，大腦的意識全部集中在處理眼前的課題，進入了忘我的境界。

這並非意味著進入心流的大腦處在亢奮狀態，而是大腦在放鬆的同時變得活躍。大腦因爲放鬆的關係，能夠發揮出原有的實力。

如何在放鬆的狀態下活化大腦，是打造能集中精神的房間的重點。

根據書桌擺放位置的不同，人的專注力也會有所差異。

舉例來說，書桌要是位在房間的門邊，人會無法集中精神。

這是因爲不知道什麼時候會有其他人進來所致。同樣的道理，我也不推薦入口在自己的背後。**動物的本能會讓我們下意識地產生「不知何時會有人來襲」的不安**

全感。

即使我們沒有感到不安的自覺，也會在無意間拉緊神經留意周遭的環境，肌肉呈現緊繃狀態。而這樣的行爲會消耗能量，能量耗盡就無法用在眼前的課題上了。

如果可以在安心且放鬆的狀態下使用大腦，我們就不會使用多餘的能量，而能有高效率的表現。

另外，書桌的前面是人在走的通道也會讓人靜不下心，面向辦公室走道的座位就是個例子。不只房間裡有人經過面前會是個問題，有人經過書桌對面的窗外也一樣不適合。比方位在一樓玄關旁的房間，將書桌朝向訪客經常從眼前經過的落地窗擺放。落地窗被襲擊的可能性比半腰窗還高，當然更不適合了。

最好的書桌布置是離門口遠，並且人臉是朝向入口的。請回想一下西洋電影裡出現的總裁辦公室，幾乎都是不管誰進來都能立刻應對的朝向和位置。

如果眞的沒有其他地方可以放，可以透過布置遮蔽物來獲得安全感，比方設置圍欄或屏風，或是擺放有高度的植物等。

果然**人身為動物，能確認周圍的安全，並且擁有不論發生什麼事都可以應對的餘裕很重要**。這個感覺與進來的人是否令你放心，或是你對自己的力量與體力是否有信心無關。

人類會本能地想要滿足「生理需求」和「安全需求」，假如布置家裡時無視這些需求，你自然會感受到各式各樣的壓力。

幾乎所有的動物都會親自打造居住的地方，目的是爲了能夠安心又健康地生活，只有人類會委託別人建造住家。不知道從什麼時候開始，人類忘了如何依循本能去「感受」怎樣的住家才能住得安心且幸福，總是依據「這間房子看起來比較雄偉氣派」「便宜」「更方便」等外觀和價格，以及住起來方便舒適的程度來選擇住家。就連建築師和室內設計師這類專家也都是用頭腦去「思考」，在平面圖上以拼圖的方式決定空間格局和家具的布置。

我們想要的不是住家這個「物品」，而是想要獲得和家人一起享樂、平穩地生活、感受得到羈絆的喜悅或安心等「情感」。**得不到那些感覺的「痛苦」會日積月累，造成夫妻爭吵或小孩的問題、壓力等，為家庭帶來許多的煩惱。**

除了讓我們能夠集中精神外，**我們布置家裡最重要的事，就是要滿足自己的基本需求，獲得安心的感覺**。許多因爲各種壓力而煩惱的人都沒注意到這一點，最棘手的問題莫過於人很難察覺到「我眞正的感覺是什麼」，也就是自己的需求＝需要的是什麼。

再回到打造能集中精神的居家布置上。

為了獲得安心感，我們必須避免工作或念書時，常被主管或家人盯著看的狀況。

最近的辦公室比較少採用，但還是看得到島型的辦公桌布置，那是一種員工面對面把桌子併在一起，主管面向下屬坐在最前端的座位排法。

那樣坐雖然有隨時可進行公開交流的優點，但要是有位嚴肅的主管，或是遇到才剛記住工作內容，沒自信的情況會怎樣呢？想必會很緊張，擔心自己是不是會犯錯或挨罵吧。

這樣一來，人很可能會把資料或是型錄等堆在自己的書桌周圍，打造出要塞（堡壘）。這是人類自然會有的行爲。

假如是會被別人盯著看的布置，請在書桌周圍擺放可以用來遮擋的屏風，爲了提高生產效率，人需要把自己藏好。我推薦的作法是在書桌上擺放盆栽。這一點我在之後會說明，藉由擺放植物，我們可以期待生產力提升的效果，所以是一石二鳥。建議選擇高度大約六十公分，剛好能隱藏自己頭部的植栽。

放在住家的書桌也是同樣的邏輯，不要把書桌放在需要常常在意家人視線的地方。如果你把書桌布置在客廳的角落，請在書桌與全家人活動的地方之間擺一座屏風或高大的觀葉植物，把空間做出區隔。

常會被忽略的還有來自窗外的視線，請把書桌布置在不需要在意附近鄰居或路人視線的位置。

不論是辦公室還是住家，都能用屏風或牆把書桌圍起來，藉此增加安心感。

- 準備能讓人感到安心的布置（屏風等遮蔽物）。
- 書桌要放在離門口遠的位置，而且座位要面向門口。
- 用屏風或植物圍起來，避免一直被別人盯著看。

只要減少訊息，腦袋就能變得輕鬆

注意力會因為我們減少傳入五感的訊息（刺激）而提高。

只要傳入腦袋的資訊變少，大腦就能有效率地把能量用在眼前的課題上。

據說人類的五感之中，有八成以上的訊息都來自視覺，所以讓我們先來減少眼睛看得見的訊息吧。

其中一個作法，我們在討論東西亂放的章節已經說明過，那就是減少眼前雜物的數量。

有種書桌的前面會附上用來放教科書等物品的架子，那種書桌雖然具備高度實用性，卻會讓各種事物不小心以訊息的形式傳入大腦，使人變得很難專注。

請你不要在眼前的架子上擺放太多東西，改用觀葉植物或自然風景的照片等作裝飾，讓視野多一些空白會比較好。

如果你要放書，請不要放在眼前，而是把書放在旁邊。

爲了減少訊息傳入，我們不只要減少物品數量，也要減少顏色的數量。你書桌的周圍有多少種顏色呢？紅色封面的書，封面上有著黑色的文字，旁邊還有黃色和紅色的文字、藍色的資料夾……各式各樣的顏色混在一起。這些顏色的數量是不是已經多到像是充斥五彩繽紛招牌的鬧區景色？

我們去海邊或山上之所以能夠感到平靜，不只是因爲大自然的放鬆效果，也跟天空、綠色、土地，或是海和沙子的顏色數量不多又單純有關。

顏色＝訊息。**只要減少可見的顏色數量，就能減少大腦的資訊處理量。不要把各種顏色隨機擺在一起，當你把紅色的物品全都集中起來，它們便會集合成一個情報，大腦也能因此變得輕鬆。**

除此之外，把大小或形狀接近的物品歸納在一起也有相同的效果。光是把物品依照顏色、大小、形狀做統整，改變擺放的位置，即可大幅減少資訊量。

物品的布置和擺放方式也會對專注力造成影響。

書桌周圍不要有會動的東西也很重要。

不只要避開會有人或寵物頻繁經過的地點，也要避開電視和手機，還有會自動從電腦畫面跳出來的訊息通知等，這些都會中斷專注力。

就算它們不在視線範圍內，我們也會感覺到動靜，比方在家中來回走動的孩子、經過窗外的人、鄰居家有人進出等。請你找出不會在意那些動靜的地方，或是布置能夠避免被打擾的隔間。

有聲響的狀況也會妨礙我們集中精神，注意力不會被削弱且音量適中的雜音不是問題，不過一旦有那種帶有歌詞、注意力會受詞彙吸引的音樂傳來，人就會變得很難集中精神。如果要放音樂，請選擇沒有歌詞的背景音樂。

此外，聲音在大腦輸出時造成的干擾會比輸入時還要大。舉例來說，比起念書在背誦（吸收知識）時，你在回答申論題、寫論文、思考事情、因爲工作要寫企畫書等進行輸出時，會需要使用大腦反覆地思考，因此建議在安靜的環境下執行。

依照不同的工作內容，也有聽音樂會進展得更順利的情況，例如打掃或整理這類不太需要使用頭腦就能完成的作業。

- 把顏色、形狀、大小接近的物品集中放在一起。
- 不要讓電視或手機進入視線範圍內。
- 音樂要選擇沒有歌詞的背景音樂。
- 仰賴思考的工作要在安靜的地方執行。

你是哪種類型？不同的類型能集中精神的地方也會不一樣

「書念得好的孩子都是在客廳學習。」

「在客廳學習，可以養出聰明的孩子。」

「很多頂大學生以前都是在客廳學習。」

你應該聽過這樣的說法吧？

在客廳學習的好處，是孩子能在父母看得到的地方安心地學習，另外就是有適度的生活噪音，更能讓人集中精神。

可是也不是在客廳的任何地方學習都會好，孩子的特性不同，適合的地點也不一樣。

你在工作或念書時，是在咖啡廳還是在圖書館比較能夠專心？

由於每個人容易被環境刺激影響的程度不一，這也會對專注力造成影響。有辦法自動隔絕來自環境的刺激並降下屏障（屏風、隔板、圍牆的意思）的人，我稱之爲**屏障者**，沒辦法降下屏障的人則稱之爲**非屏障者**。

在視覺、聽覺、觸覺、嗅覺等五感都有屏障者和非屏障者，但大多數的人普遍對視覺和聽覺較爲敏感。

在咖啡廳有辦法集中精神，覺得有適度的雜音較能專心的人，是屬於聽覺類型的屏障者。另一方面，在圖書館較能專心的人則是非屏障者。

「屏障者」就算有其他人在，或是有雜音也不會在意，所以他們可以在咖啡廳等場所工作或念書，甚至有的人會覺得稍微有點雜音更能集中精神。

「非屏障者」對音樂和噪音等外部刺激很敏感且容易被吵醒，他們在吵鬧的地方念書或工作的表現不佳。他們想要集中精神時，喜歡一個人待在安靜的環境。研究結果也顯示非屏障者的孩子如果入住學生宿舍，有很多孩子的成績會變差，並且覺得生活備感壓力。

確認完孩子是哪種類型，你就能夠準備好孩子容易自然地集中精神的環境。

其中需要留意的是非屏障者類型的孩子。

如果孩子對聲音是非屏障者，他應該無法在傳出電視聲的客廳集中精神。

至於孩子對視覺是非屏障者的情況，就會需要花心思處理他坐的地方。要是周圍亂七八糟，有畫面不斷閃爍的電視、到處跑來跑去的弟妹、滿地的玩具等，他勢必會變得無法靜下心來，需要在盡可能地排除視覺資訊的地方念書。

以下是家裡有三個在念小學的男孩的建築師岡綾小姐所說的話。

「小孩總是爲了念書的地方吵起來，讓我很傷腦筋。」

她把餐廳的下挖式暖桌改成可以讓三個孩子念書的地方，但每次只要他們吵起來，那邊就會亂成一團，根本沒辦法念書。

她在講座中說明「會那樣是因爲他們在爭地盤，讓每個人有自己的地盤是很重要的事」。後來她替三個孩子一人買一張可以收合的小桌子，紛爭在轉眼間解決，三人變得有辦法專心念書了。這是爲什麼呢？

因爲三人獲得自己的桌子後，可以各自自由地把桌子放到不會進入彼此視野的位置，然後開始念書。就只是這樣而已。

沒錯，只要讓孩子選擇自己喜歡的地方，讓他在那邊念書就可以了。

我猜三人可能對視覺和聽覺都是非屏障者，再加上下挖式暖桌的座位很自由，地盤更容易受到侵略。如果是這樣的狀況，不如告訴孩子「你在喜歡的地方念書就好」。

父母往往覺得要是讓孩子自由選擇，孩子一定不會好好念書，於是直接做出「你在這邊念書」的決定。可是孩子比大人還要感性，因此你若願意給孩子自由，他們其實有能力找到最棒的地點，這也有助於讓孩子獨立。

除了孩子之外，要是家人中有某種類型的非屏障者，請優先考慮「哪裡較適合做成非屏障者工作和念書的地點」。

給非屏障者用的布置不論大人還是小孩都一樣，我會在下個小節說明。

- 並非所有的孩子都適合在客廳學習。
- 配合孩子對環境的敏感程度，讓孩子自己自由地找出可以靜下心念書的地方。

遠距工作要下的居家布置工夫

離開辦公室，在自家工作的遠距工作變多了。有的人因爲家裡沒有書房，都在客廳進行視訊會議，或是在餐桌上用電腦工作。

在有其他家人的客廳裡工作，對非屏障者而言是壓力非常大的環境。

我想推薦給非屏障者的人作法是**打造自己的聖地**。

假如家人裡有聽覺的非屏障者，第一優先就是要找出哪裡有安靜的地方，空間很小也沒關係，那裡必須是一個可以隔絕聲音且能夠獨處的場所。

你也可以試著把活用儲物間或壁櫥等空間列爲選項之一，至於裡面的物品，請評估是否要使用迷你倉庫或保管的服務。考慮到提升工作效率和減少壓力帶來的優點，我相信這麼做會爲人生帶來很大的好處。

臥室很多時候是會讓人感到平靜的環境，請你也思考看看是否能把聖地設立在臥室的角落。

如果無論如何都只有客廳的角落可以選，也有裝上隔音窗簾或隔板，或是使用隔音帳篷等方法，戴上耳罩是最容易執行的方法。

假如你的家人是視覺的非屏障者，請徹底地減少先前說明過的視覺訊息。

若是把書桌布置在客廳的角落，就會需要用到把周圍圍起來的隔板，隔板高度要高到坐下來時也不會看到隔板的另一側，以成人來說，希望隔板比桌子高出六十～七十公分，善用書架也是不錯的方法。

如果是只能在餐桌工作的情況，我推薦可以擋住三個方向的折疊式簡易小隔板，也就是升學補習班或高考補習班自習室會使用的那種ㄇ字型，能隔出個別小空間的道具。

透過把三個方向擋起來，即可讓來自視覺的訊息趨近於零。這個方法也能運用在像前面的案例那樣，有不只一個孩子一起在餐桌上念書的情況。

使用這種道具不單只是爲了隔絕視覺訊息，你也不會出現在家人的視線內，這樣一來也能減少家人找你說話的頻率。

在家工作時，家人難免會隨口問你「爸爸，我問你喔」或「媽媽，那個在哪裡？」或是常被交代事情。每次工作被打斷，效率也會跟著下降。

可是誰也不想對家人說出「我現在在工作，不要跟我說話！」這種話。其實只要不出現在眾人的視線內，就能避免那樣的狀況。

請打造自己的「聖地」吧，這樣之後擺出這個隔間道具的動作也會變成「我接下來要專心工作喔」的信號。

- 非屏障者要打造自己的聖地。
- 聽覺的非屏障者的首要任務是尋找能夠安靜獨處的角落。
- 視覺的非屏障者可以利用隔板來隔絕視覺訊息。

綠視率的法則

在房間裡擺放植物吧。

人類自古以來的生活環境果然常有植物相伴。已經有好幾個研究證實，人在有植物的地方心率會下降、壓力得到緩解，生產力也會提高。

綠視率指的是綠色植物在視野中所占的比例，結果顯示綠視率十～十五%的工作表現最好，並認爲綠視率超過二十五%後讓人平靜或放鬆的效果會過高，因此綠視率十～十五%應該比較適合工作或念書的情況。

如果家裡**有景觀好且可以看到樹或山的窗戶，建議可以讓書桌面向那扇窗戶，**那會是最能讓人專注的**書桌最佳位置**。

理由是能在看到綠色植物的同時，不時望向外面，讓人可以自然地切換工作模式。還有一個理由我之後會說明，但目的是讓人可以照到白天明亮的光線。

當你埋首在書桌上的書籍或網路大量的資料中，大腦會逐漸變得疲憊，光是放空欣賞自然景觀，就能讓大腦停下來休息。

假如沒有景觀好的窗戶，比方窗外亂糟糟，或是只能看見鄰居家的陽台等，**在書桌前的牆上貼上大小足以填滿視野的自然景觀海報也會有效果，或者也可以選擇善用印有自然景觀的壁紙**（例如自黏壁紙）。

- 加入綠色植物，讓綠視率達到十～十五％。
- 把書桌放在景觀好的窗前的最佳位置。

使用原木做內部裝潢或書桌，有助於提高生產力

在工作或念書的房間使用原木素材吧。

一般認爲用原木來做內部裝潢或書桌，有助於提高生產力。不僅如此，原木被證實具有緩和疲勞感或壓力，讓人較不容易感冒等各種效果。

儘管還不清楚其中的機制，但似乎只要觸碰木材，或是看著有木紋壁紙的牆壁，即可達到放鬆的效果。

據說人類的大腦從一萬年前開始就幾乎沒有再進化，而人類在過往漫長的進化過程中，一直都是和樹與土地共同生活，所以到現代仍擁有適合那種環境的大腦。這就是爲什麼人類待在自然環境會感到最爲平靜，且可以本能地獲得安心感。

房間的地板、牆壁、書桌、書架等家具，請挑選用天然木材製作的產品。另外市面上也有能夠自行簡單地靠背膠貼到牆壁上的木紋壁板，請也試著善加利用。

至於原木的最後工序，比起表面塗膜，我更推薦使用蠟或油這種能讓木頭呼吸的製作法的成品。

自然素材的部分，我推薦使用從古時候起就在使用的土牆、珪藻土、把扇貝殼磨成粉製成的材料，或是添加碳的牆壁塗料等。它們大多擁有調節濕度和除臭的功能，以及吸收有害化學物質的效果，因此可以讓空氣品質變好，提升房間的舒適度。為了集中精神，舒適度也非常重要。

選用原木或自然素材做成的內部裝潢或家具。

活用顏色的效果

很多人都知道，紅色是會讓人亢奮或緊張的顏色，理由是鮮血的紅色同時也是象徵生命危險、可以食用的新鮮獵物、成熟果實的顏色。

目前已知交感神經會因爲看到紅色而變得活絡，進而促使壓力荷爾蒙皮質醇升高。

這是在室內設計師由美子小姐來聽我的講座時發生的事。我以「一家人能夠幸福地生活的住家」爲主題，請大家交一份報告給我，當時她氣急敗壞地跑來找我，並說了以下這段話：

「我絕對做不來這種作業！我根本無法想像和三十年來感情都不好的丈夫過得幸福！」

經過了解，她把原本應該作爲夫妻休息場所的客廳牆壁漆成了紅色。或許是她將長年來對丈夫的憤怒或競爭心，反映在這個顏色上。

不過，這不是唯一的可能性。也有可能是她每天在有紅色牆壁的客廳生活，強化了她對丈夫的憤怒或煩躁感。這個情形也可以解讀爲她在強調「客廳是我的地盤！」

在講座中意識到自己深層心理的她，居然在時隔三十年後向丈夫道歉並和解，並計畫把客廳的牆壁改漆成沉穩的米色。

我不知道顏色對由美子小姐的內心造成了多大的影響，但我不建議在客廳、書房、小孩房等會長時間待著的房間牆面使用紅色。

不過，當你想在短時間內集中精神時，紅色的亢奮作用就能幫上忙。請你事先準備好紅色的布或紙，然後在你無論如何都想在短時間內完成工作時，把紅色的布或紙暫時放到書桌的附近，這樣應該可以提高你的表現，成爲你的助力。只是長時間使用會造成疲勞感或壓力，這點還請多加注意。

至於**書房的牆壁顏色要選什麼色系才好，答案是藍色和綠色**。

藍色已被證實有降低血壓，穩定脈搏和呼吸頻率、放鬆肌肉的效果，所以可以讓人靜下心來專心工作或念書。

綠色會讓人感到安心，可以舒緩雙眼的疲憊。最近在老鼠實驗中證實了綠色的道具有緩解疼痛的效果，因此說不定可以期待它對人類也能帶來同樣的效用。

工作或念書的房間牆壁要用藍色或綠色，只有在想要暫時提高表現時才使用紅色。

提高專注力的照明

白天的光線能活化大腦，提升專注力。

我們體內有許多的生理節律，比方心跳、呼吸、月經等，其中以一天約二十四小時為周期的生理節律被稱作晝夜節律。

晝夜節律會受到太陽光的影響，假如我們整天待在家，沒有照到太陽光又過著不規律的生活，自律神經和荷爾蒙的平衡就會被打亂，進而造成身心失調，變得無法控制食欲，或是罹患憂鬱症等。照射太陽光對人類而言是不可或缺的行為。

在太陽光是明亮白光的白天，交感神經會活化並進入活動模式，等到了傍晚太陽光變成帶紅色的橘光後，副交感神經會活化，身體接著進入放鬆模式。

所以**只要我們在會有自然光線照入的明亮時間和地點工作或念書，就能在活化後的狀態下使用大腦。**

如果要用照明燈具，可以選用亮度像太陽光的自然光。萬一工作或念書的房間很昏暗，除了房間整體的照明外，請在書桌附近追加用來照亮手邊區域的燈具。房間整體也可以使用偏紅的光（暖白光），但檯燈還是要白光會比較適合。

不過人要是到了很晚還在照白光，強制讓大腦活化，白光將會像手機或電腦的藍光那樣打亂體內的生理節律，引發睡眠品質下降或隔天昏昏欲睡的問題，特別準備的布置也就白費工了，這會影響到念書或工作所需的專注力。

工作或念書要在白天明亮的自然光線下，或是太陽白光的燈具下進行。

能激發動力的椅子的祕密

身體的狀態與內心相連。

當我們嘴角上揚時，心情也會變得愉快吧？大腦會察覺到臉部肌肉的狀態，所以就算你心情不好，只要做出笑容，大腦便會辨別成「心情好」。如果你想要變開心，就要「先有笑容」。

姿勢也是同一個道理，現在立刻來試試看吧。

請你駝背並低下頭，用不良的坐姿懶散地坐著試試看，你有辦法心情愉悅地想起下禮拜值得期待的事情嗎？有工作或念書的動力嗎？

接下來，請挺直腰，姿勢端正地坐著試試看，而且還要微微挺起胸膛，眼神和嘴角都要上揚。感覺怎樣？你有沒有覺得精神抖擻，心情變得比剛才還要積極正向呢？這次有辦法心情愉悅地想起下禮拜值得期待的事了吧？你有沒有感受到自己變得有自信，也有做事的幹勁了？

我相信你已經實際體驗到情緒會因爲姿勢而改變了。所以**當你想要提起動力，或是要工作、念書時，不可以坐在會讓你姿勢不良的椅子上，請坐到能夠姿勢端正地坐著的椅子上。**

工作或念書用的椅子，建議可以選基於人體工學設計的椅子，那樣的椅子不僅有坐起來不易疲累、較不會腰痛的優點，也有助於產生幹勁或積極進取的想法。

人體工學的椅子大多都有可以配合使用者體格做調整的調節功能。挑選方式和調節的標準如下所示。請務必去選一把適合自己的椅子。

- 椅面高度＝身高×四分之一。
- 坐到椅子最深處時，整隻腳掌可以平放在地面，膝蓋以下的身體重量則是放在腳跟上。
- 坐著的時候，膝蓋的位置呈現與地板平行或稍微高一點的狀態。
- 書桌的高度與椅面的高度差距（高度差）必須是身高×六分之一。

有的椅子具備調整椅背角度並放平的功能，但想要拿出幹勁的場合不會使用到放平的功能。

此外，有柔軟椅面的沙發也不推薦，這很可能會讓人想以慵懶的姿勢不停滑手機，很難萌生想要念書的心情。

市面上販售的沙發有放鬆程度高、低、中度的產品，放鬆程度高的沙發椅深度深且椅面高度矮，坐下去時身體會沉下去，屁股的位置會變得比膝蓋的高度低，讓人做出背部往後倒的姿勢。

在家具店試坐時，你會覺得「這個坐起來好放鬆，很棒」，但放鬆程度高的沙發適合放在度假村或別墅。

平時生活的住家除了放鬆之外，也要能夠滿足工作或念書等各個生活方面的需求，考慮到這一點，我比較推薦深度不會太深，外加身體不會沉入椅子裡，而且不會讓人姿勢不良的沙發。

每個人依照體型大小的不同，適合的沙發也不一樣。小孩坐在沙發上會躺著或坐姿不良，都是因爲沙發不符合他的體型。小孩如果想要從那樣的沙發上站起來，提起幹勁去念書，會比大人還需要付出更多的努力。爲了避免小孩習慣缺乏動力的姿勢，建議可以購買符合小孩體型的沙發或椅子。

假如小孩要和大人坐同樣的沙發，請試著在他的背後放一、兩個抱枕，讓他可以坐得端正。

此外，如果你要坐在沙發上用電腦工作，請準備一張比平時用的矮桌高的小桌子，而且要選擇桌子高度比沙發椅面高出二十～二十三公分的高桌。

如果想提起動力，就要選擇符合體型且能夠端正地坐著、腳可以平放在地面上的椅子。

能發揮創造力的居家布置法則

不同的工作內容，效率高的空間大小和天花板高度也會不一樣。

你的工作需要思考創作嗎？還是屬於處理行政庶務的工作呢？

如果是創作型的工作，我推薦開闊寬敞的空間，比方天花板很高（大約三公尺），或是眼前的視野很遼闊等。

空間與思考相似，因此空間明亮，思考方式也會變得正向，空間要是開闊寬敞，就會讓人天馬行空的自由發想，發揮出創造力。

反過來說，要是在天花板低矮且狹小的空間工作，思考的焦點也會變得狹隘。

需要精密計算或用電腦管理、處理的文書工作，就很適合天花板低矮且狹小的空間。另外，那樣的空間也適合作為靜心或反省自己的地點。

實際上，有個最適合內省並讓自己歸零的空間，那就是每個人家裡都有的廁所。

廁所可以上鎖，所以不用擔心會有其他人進來，被牆壁包圍也會令人感到安心，不僅如此，廁所應該是每個家庭或住家中訊息量最少的空間。我雖然也看過連書架都有，有如小書房一樣的廁所，或裝飾著個人收藏的廁所，但我幾乎沒聽過有誰因爲廁所很亂而感到困擾。

所以可以活用廁所作爲內省的空間。由於身體坐在馬桶上的姿勢會往前傾，很適合深入自己的內心，讓自己獲得啓發。這也是前面說明過的姿勢與頭腦的其中一種關係。

我心目中的理想廁所，牆壁顏色必須是白色或淺米色、綠色等沉穩的素色牆，馬桶後方的牆壁上掛著一幅我喜歡的藝術品，每當我看到它都會覺得心情放鬆，自然地露出笑容。而且馬桶前方的牆壁上還有一面只要我站起來，就會照到自己臉的小鏡子。至於燈具方面則準備了兩種開關，一種提供了足以讓人意識瞬間轉換，有如白天般明亮的亮度，另一種則提供了晚上進去廁所時，較不會造成刺激的昏暗亮度。

就算我心情變得消極，在廁所把身體往前傾並反省自己後，我還是會察覺到重要或可以感謝的事情。而且這樣的布置會讓我在站起來看著鏡子後，回想起自己的笑容，接著在回過頭時因爲看到藝術品而露出笑容（笑）。

運用這樣的布置，我每次進去廁所都能把自己歸零，讓自己得以維持在最佳的狀態。

- 創作型的工作要在開闊寬敞的空間執行，文書作業則要在天花板低矮的小空間執行。
- 把廁所當作讓自己內省並歸零的地方。

如何才能讓人興致勃勃地工作念書？

請決定好工作或念書的地點。

你聽過改編自蘇格蘭民謠的《驪歌》吧？以前小學畢業典禮上都會聽到這首歌，日本商店在快打烊時也會放這首歌，你不覺得一聽到這首歌，就會心想「啊，動作得快一點了」嗎？

這是因爲我們已在不知不覺中被《驪歌》＝結束這件事制約了，這也被稱作「定錨效應」。

定錨效應可以運用在我們想要工作或念書的時候。像是「我去圖書館就是要念書」「我坐在這個位置上就是要工作」，把地點和行動綁在一起，讓頭腦記住這件事。在找到自己能夠集中精神的地方後，把那個地方定爲工作或念書的地點，你就能夠在總是重複同樣行爲的過程中，讓自己變得只要坐到那個位置上，就會自動自發地想要工作。

決定好集中精神的地點之後，**需要注意的事，就是想要轉換心情或是放鬆時，一定要去別的地方執行**。

如果你在好不容易定下的工作或念書地點偷懶休息，就會打破「認真」的定錨效應成為「這裡是不做事也沒關係的地方」，這樣就失去決定念書地點的意義了。假如你要休息或轉換心情，請離開座位去別的地方執行。

爲此我們必須在減少訊息干擾並打造不會讓人分心的環境的同時，把誘惑也去除掉，比方電視、遊戲、手機、漫畫、點心等。

人類是會迴避痛苦，想要得到快樂的動物，不論是要戰勝誘惑，還是在輸給誘惑之後再回去工作或念書都很不容易，讓我們把誘惑從想要集中精神的地方排除掉吧。

在決定好工作或念書的特定地點後進行定錨。
不要在那個地方偷懶休息。

提高專注力的臥室法則

如果想要專心工作或念書，高品質的睡眠不可或缺。臥室的布置重點在於打造出可以放鬆的空間。

請在地板鋪上地墊或地毯，寢具則要選擇蓬鬆柔軟的材質。

我們可以藉由撫摸柔軟材質製成的物品，分泌出催產素這個可以緩和不安情緒的荷爾蒙，並且觀測到我們在放鬆狀態會出現的大腦 α 波。這時副交感神經占優勢，身心都會進入放鬆狀態，壓力也將獲得減輕。

假如你要鋪地墊，建議選擇表面毛較長的絨毛地墊，至於木地板的部分，我推薦類似杉木那樣擁有柔軟觸感的原木地板。

臥室的裝潢和床等家具，請選擇原木製作的產品。

根據研究顯示，用天然木材來做室內裝潢不僅能夠獲得深沉的良好睡眠，生產力也會有所提升。應該可以期待疲勞因爲高品質的睡眠而恢復，專注力進而提升。

請在燈光昏暗的情況下入睡。

昏暗的環境讓人比較安心，一般認爲會這樣的理由是因爲一旦環境暗下來，自己的身影就會融入黑暗中，變得不容易被敵人發現。

要是開著燈在很亮的情況下入睡，有報告顯示會產生胰島素阻抗促使血糖升高，並持續維持在心率快的狀態。也就是說，在很亮的情況下入睡會有發胖的可能性，甚至造成糖尿病。

假如你想開著燈睡覺，請選擇在低處照亮腳邊的腳燈。如果大樓公共走廊或附近招牌的燈光會照入臥室，建議選用可以遮光的窗簾。

最後，意外地很容易忘記的就是床的朝向。

請把床布置成房間門在腳的那一側。

要是頭那一側是有人出入的門或落地窗，人會下意識地保持警戒，並且感到不安全。

提高專注力的臥室法則

- 地板要鋪上觸感柔軟的地墊或地毯，木地板則要選擇杉木的原木地板。
- 寢具要選蓬鬆柔軟的產品。
- 選擇用天然木材做成的內部裝潢或家具。
- 關掉燈，讓房間變暗後再睡。
- 床的朝向要布置成房間門在腳那一側。

第3章總結

「安心感帶來專注力」的居家布置

人類的大腦本來就很難集中精神，因此我們如果想要專注，就需要費心布置。說得白話一點，就是我們需要能讓人在感到安心又放鬆的同時活化大腦的布置。

最重要的是要能讓人感到安心。

請把書桌布置在不會因為受到他人威脅而不安的位置或朝向，並且在書桌周圍融入自然的環境元素，比方自然光線、照明、原木等自然的素材、植物、可以看見的景色等。

然後請更進一步地試著採用各種能夠活化大腦的布置。

另外還有一個重點，就是要配合那個人的特性，讓他擁有符合他五感敏感程度的環境及體型的家具。

請參考下述的法則，布置出讓人有辦法集中精神的房間。

安心、放鬆的法則

□書桌要放在離門口遠的位置，並且座位要面向門口。

□為避免一直被別人盯著看，要放置高度六十公分的屏風或植物，並且書桌朝向要能不會被人從窗外看到。

□減少視覺訊息，不要讓會動的物品進入視線範圍內。音樂要選沒有歌詞的曲子。

□讓房間內的顏色一致，把顏色、形狀、大小相似的物品集中在一起。

□聽覺的非屏障者的首要任務是找到能夠獨處的地方，並且善用耳罩等道具。

□視覺的非屏障者要在桌上放置六十～七十公分高的隔板。

□加入綠色植物，讓綠視率到達十～十五％。

□把書桌放在景觀好的窗前的最佳位置。

□選用原木或天然木材做成的內部裝潢或家具。

□工作或念書的房間牆壁要選藍色或綠色。短時間衝刺時使用紅色。

活化大腦的法則

- □工作或念書要在白天光線明亮的時間帶，或是太陽白光的燈具下進行。
- □決定好專心工作或念書的特定地點後，放鬆或轉換心情要在其他地方執行。
- □為了提起動力，要選擇符合體型且能抬頭挺胸、維持良好坐姿的椅子。
- □創作型的工作要在開闊寬敞空間執行，文書作業則要選擇天花板低矮的小空間。
- □把廁所整頓成內省和歸零的空間。
- □定下工作或念書的地點，讓自己自動自發地湧現幹勁，並且不會在那裡偷懶休息。

能提高專注力的臥室法則

- □地板要鋪上地墊或地毯，木地板則要選擇杉木的原木地板。
- □寢具要選蓬鬆柔軟的產品。
- □室內裝潢或家具最好選用原木素材。
- □關掉燈，讓房間變暗後再睡。
- □床的朝向要布置成房間門在腳那一側。

第4章

單身、核心家庭、銀髮族，不同家庭型態人生好轉的居家布置法則

整頓好自己和家人的歸屬

就能變幸福

打造只要待在那裡，就能感到幸福的「個人空間」

到目前爲止，我介紹了乾淨整潔的空間、增加家人對話頻率的空間、可以專心工作或念書的空間，但我最重視的不是要小聰明的技巧，而是要讓每個家庭、每個人的人生都能過得既豐富又幸福。

爲此我一直在思考住宅可以提供哪些幫助。

我們在〈第2章〉已經提過容身之處的重要性了，我重視的其中一件事就是「整頓好自己的容身處」。只要有了個人的歸屬，我們每天的情緒和自我接納度，以及與家人的關係都會好轉，工作、人際關係、健康、時間、金錢等，人生的一切都會自然變好，我是這麼相信的。

我稱這些個人歸屬爲「Pao」，是參考東京大學名譽教授高橋鷹志所稱的個人空間「personal-space」而命名，也就是遊牧民族的移動式房屋蒙古包的「包」，是包覆每個人的最小空間單位、個人小窩。

「包」指的是在感受到「我可以待在這裡」的歸屬感的同時，亦能保護好自己個人空間的地方。換句話說，**「包」是在心理上或物理上能夠滿足人所有基本需求，讓人自我實現的容身之處**。擁有了「包」，人勢必可以過上非常舒適且安心的生活，更重要的是人光是待在「包」裡，就能夠感到幸福。

現今有非常多獨自生活的人，只有年長者居住的家庭型態也越來越多。如果是一個人生活，那整個家都會是個人的容身處（所以不會有地盤方面的壓力），單以這點來說，或許跟我說的「包」不太一樣，但不論是怎樣的家庭，擁有自己的「包」都是很重要的一件事。

依照人生的階段和所處狀況的不同，人在每個時期會有不同的居住需要和目標。接下來就讓我依據各種家庭型態和主題，來為大家說明能讓人生變得更豐富的容身之處吧。

核心家庭 能促進孩子健康成長的居家布置法則

我在前面提過小孩的成長與住宅之間的關聯。

住宅在促進小孩自然成長，以及到小孩開始獨立爲止，都扮演著非常重要的角色。住宅的重要性遠超乎大家的想像。

尤其對年紀還小的幼童來說，住宅作爲生活環境，是占據他們一天大部分時間的地方，那個環境對他們造成的影響難以估計。

在思考孩子的居住環境前，我希望各位能先明白一件事，那就是**小孩是已經具備所有「生存所需能力」的「完整」存在**。

父母可能會覺得孩子剛出生時沒辦法自己喝奶，也無法自己走路，可是小寶寶一旦肚子餓了，就會哭著討奶喝，若是拉大便，就會大哭表示「感覺好噁心，幫我換尿布」。每當這種時候，父母都會去小寶寶身邊照顧他。各位不覺得怎麼看主導權都不像是在父母手中，而是掌握在孩子的手裡嗎？

等到小寶寶會爬行，有辦法自行移動之後，他們會自己調整與父母之間的安心距離，時而靠近，時而遠離。小寶寶並非少了大人的協助就什麼都做不到，他們也有自己的自主性，並且以動物的身分好好的活著。

我就讀早稻田大學時，跟發展心理學家根之山光一教授學到了「小孩也有自主性」的觀點，這讓我瞬間發現住宅中與小孩有關煩惱的解決方案。

父母不要什麼事都對小孩下指令來控制他們，尊重小孩的自主性，交給他們去做，這一點很重要。這就是能夠促進小孩健康成長的住宅的關鍵。

住宅是親子調節距離的工具

住宅是親子調節距離的工具。

母親的肚子裡懷著孩子時，親子的距離爲零，母親與孩子因爲生產而在物理上分開。在那之後，親子間的距離自小寶寶會爬行起，將隨著孩子想要成長而漸漸拉開，兩者之間的距離以孩子爲主體在進行調節。

讓我用有拉門的家當作例子，說明這是怎麼一回事。

小孩在十歲之前，會選擇能夠確認父母狀況的地方作爲玩樂的場所。假如家裡有間與客廳相連的拉門房，爲了可以看得到父母，小孩會在拉門開著的狀態下玩耍。不久之後，小孩會開始萌生「稍微瞞著媽媽做這件事看看吧」的冒險精神，把拉門稍微合起來一些，去到父母看不到的死角，不過這時他還是在能夠偷瞄確認父母隨時都在的地方。之後隨著小孩成長，拉門會慢慢被合上，到了青春期小孩將會完全合上拉門，躲在自己的房間。

孩子在離家獨自生活之前，都會像這樣**利用距離或與父母的隔閡進行調節，與父母保持適當的關係**。

這是同爲動物的人類很自然的自立過程。目前已知要是親子到了青春期還無法分離，將會對孩子的心理成長造成不良影響。

家中若有能夠方便小孩調節與父母關係的布置，小孩就可以自然而然地獨立。

換個方式形容，就是住宅會支援小孩獨立。

拉門很方便調整敞開的程度，所以會成爲促成小孩自然獨立的布置。

就像我前面提到的，孩子如果是在客廳或餐廳念書，因爲「父母在監視」「控制」的關係，孩子會無法發揮自主性。

重點不是父母怎麼看，而是孩子的觀點。

父母的目的不是監視孩子，請交給孩子的自主性去做決定。

關鍵在於對孩子來說，那裡是否是他可以感到安心的地方。

以生物學的角度來看，需要有小孩房的時機是「小孩不喜歡和父母用同一支湯

匙的時候」。因爲在那之前，孩子還無法區分出父母與自己並不同，**所以這時也是小孩獨立的時刻**。

買了新家之後，有的人會對孩子下達「請你把自己的東西放到這個房間，然後把它收拾乾淨」「你以後就在這個房間念書」之類的命令，把小孩房「給」孩子。請不要這麼做，請告訴他「你可以使用這個房間」，把剩下的事交給孩子去處理。

孩子自然會在他需要的時候開始使用那個房間。小孩房不是父母「給」的，而是孩子「擁有」的。

- 住宅是親子調節距離的工具。
- 利用拉門等方式，打造孩子可以自然調節與父母間距離的布置。
- 把小孩房交給孩子處理，讓孩子自然而然地開始使用它。

會對孩子帶來不良影響的空間格局

有的空間格局可能會對孩子帶來不良的影響。

會引發不去上學、足不出戶、問題行爲、犯罪問題的家庭，從空間格局來看都能看出某些共同特徵。由各種研究中歸納出幾個主因——

- 孩子回到家裡不會看到家人，就能直接走去自己的房間
- 家人沒有習慣一起吃飯或聚在一起
- 家人之間沒有「那裡是全家聚在一起的地方」的共同認知
- 小孩房與雙親臥室離得很遠
- 小孩房的擁有方式（父母給的）不恰當

舉例來說，如果父母的臥房和客廳都在二樓，我就不建議把小孩房設在一樓。

設在一樓不但是父母不會注意到孩子出入狀況的構造，孩子也會有被父母拋棄的感受。

小偷或強盜入侵家裡時，很多時候都是從一樓進來的對吧？若是把小孩房設在一樓，客廳或大人的房間都在二樓以上，孩子內心會感覺自己被暴露在危險下。基於同樣的理由，請不要把不同於家人住的主屋的「別院」，以及連玄關都不需經過就能進去的房間作爲小孩房使用。

此外，在建造房子時，曾經遇到「希望在小孩房的門上裝透明玻璃」的請求，我詢問原因後，得知是「因爲想要知道小孩在做什麼」，於是我鄭重拒絕了。那樣會讓孩子失去隱私，並**讓孩子感受到父母對他的不信任**。

雖然你沒有監視或控制小孩，但空間格局還是會默默展現出你有多重視孩子，小孩對這樣的事是很敏感的。

話雖如此，也不是改成必須經過客廳才會到達小孩房的構造就好，事情沒那麼簡單。

有些家庭的客廳是通往所有房間的走道，不管是要去臥室還是小孩房、廁所，構造上都需要經過客廳才能進去，客廳的四周都是出入口或人走的通道。

這樣會令人感到坐立難安。

各位進入咖啡廳時，會選擇坐在哪裡呢？應該是窗外景觀良好的位置，或是靠牆的地方和角落的座位吧？應該沒有人會想要刻意坐在門口附近。

人在通道和常有人移動的地方會覺得待在那裡不安穩，這點放在家庭裡也一樣，因爲坐立難安的關係，大家都沒有去客廳的意願，而是躲在自己的房間。就算會在客廳用餐，吃完飯後也會立刻回到各自的房間。其實有不少家庭都是這樣的。

也有研究顯示住宅會對孩子的性格形成帶來影響。

根據報告內容，住宅會影響孩子的行爲動機，住宅的採光或通風不好會導致性格悲觀，客廳狹窄且採光差則會讓孩子的攻擊性強。

此外，精神科石川元醫生等人指出，不肯去上學的孩子的父母，缺乏正確理解人與住宅間良好關係的能力。另外他們也提到打造能讓孩子自由地談論學校的事的住宅，有助於解決孩子不去上學的問題。

住宅會養育人。

因此我們需要理解住宅對家人帶來的影響，學習感受的方式和知識。

不論好壞，住宅都會對孩子的成長造成極大的影響。

你小時候是在怎樣的地方生活？你在那棟住宅裡感覺到了什麼？

那些或許對你現在的性格或行動模式、家人間的對話、與家人共度的時光和內容等產生了影響也說不定。

- 讓小孩房必須經由客廳或餐廳、廚房進去。但不要把客廳布置成通往每個房間的走道。
- 小孩房要選在離客廳或父母臥室近的地方。
- 不要把小孩房設在一樓或別院。
- 養成家人聚在一起的習慣，打造大家可以一起愉快地放鬆休息的地方。
- 即使身為父母，也要保護小孩的隱私。不要在小孩房門安裝透明玻璃。

銀髮族 能健康且安穩生活的居家布置法則

擺放滿載回憶的物品

我讀大學時曾經對六十歲以上的人進行調查，題目是「什麼樣的住宅會讓你想要長久居住？你會喜歡什麼樣的住宅？」

最多人認同的回答如下——

「有令人懷念的事物（可以感受到家庭的回憶或歷史）。」

「可以自己（自主地）選擇生活方式。」

「能夠親近大自然（有露台、陽台、庭院，可以看到綠色植物）。」

「會與附近鄰居互相交流。」

尤其**對年長者來說，他們很重視「懷念」和「回憶」**。

有的人在改建時會把整個家全部拆掉，就連家具也都丟掉，換上全新的家具，但這麼做之後，連結自己與那個地方的回憶和歷史也會全數消失。

請各位試想一下因爲災害等原因，在轉眼間失去熟悉家園的人的心情，聽說他們光是找到照片或自己家的「某項物品」，都會感到開心。

人類需要「自己確實在這裡待過」「我曾在這裡度過一段時光」等，連結自己與地方的羈絆（令人依戀的物品）。

所以在翻修家裡時，爲了順利過渡到新環境，把長年居住的家中設備改成桌子，或者在新家繼續使用帶有歲月痕跡的柱子、在新家活用原本家裡就有的舊家具是很重要的事。

要從自家搬進老人安養機構時，也請帶著會讓你依戀的物品去。不然搬到新環境後，地方與個人的連結會突然被切斷，很可能讓人產生莫名空虛、心裡不踏實的感受。

光是帶著擁有一同度過漫長歲月回憶的物品，像是你喜歡的家具或畫等，就能維持你的身分認同，進而帶來安心感。

隨著年紀增長，我們有時對於過去的事情會比近期的事情記得還清楚，觀看或觸碰令人依戀的物品，會對大腦的神經細胞帶來良好的刺激。

失智症的治療法中有所謂的「回想法」，也就是給患者看懷舊的照片，讓患者說說關於那些照片的事情，期待藉此來活化大腦。

我們也可以讓住宅達到同樣的效果，像是看著照片回憶「這裡那時是長這樣呢」，或是看著柱子說出「這條刮痕是孫子〇〇玩耍時弄到的」，就能喚起快樂的回憶。

人活著的時候會不斷地累積記憶，當我們的年紀越來越大，那些記憶將會變得更加重要，因為一旦記憶消失，就會讓人感到不安。

帶著擁有令人懷念的回憶或令人依戀的物品去新環境。

擺放愛不釋手的物品

我曾經訪問考察過北歐的老人安養機構。

最讓我驚訝的是那裡的年長者表情都充滿了活力。

不只是居住者共享的客廳，就連每個人各自的房間也非常棒，裡面傳來入住者的笑聲，感覺他們都很開心。

有人對我說「來看我的房間！」在引領我進去之後，隨即高興地向我展示裡面的家具，那人告訴我「這是我祖母給我的家具喔，從我出生前它就在我們家了。」房間裡面有她喜歡的地墊、她自己縫的拼布被套，壁紙上也貼著她喜歡的東西。

每一位長者都「把自己的房間布置得很有個人風格」，享受「自己作主」的快樂。

沒錯，**在自己的容身處擺放有自己風格的物品很重要**。

在日本的老人安養機構裡，也有很多可以帶少量喜歡的家具和喜歡的物品進住，或是用喜歡的物品裝飾入口展示架的。

不過越能展示自己風格的地方，應該也會讓人的心態變得越積極吧。這部分與「自我肯定」和滿足「愛與歸屬」的需求息息相關。

進入老人安養機構後，人將會脫離他在家庭或社會中的角色。因此我希望各位把能讓你更輕易地明白「自己是誰」，以及「因為有過去的開心回憶和歷史經驗才有今日」的事物擺在房間裡。

東方的年長者往往比較客氣，覺得「我沒關係啦」「我沒有那麼多要求」，但我希望他們可以多利用空間來展現個人風格，打造他們可以如自己所願地控制的容身處。

我希望他們到人生的最後一秒為止，都能做自己並且過得幸福。

在自己的容身處擺放喜歡的東西、有自己風格的物品。

打造「會刺激大腦的環境」

人的年紀漸長後，記憶力會逐漸衰退。對於有這種症狀的年長者來說，怎樣才是好的環境呢？

雖然是用老鼠作爲實驗體，但目前已知只要在豐富的環境中生活，不論到了幾歲，大腦掌管記憶的海馬迴都會製造出新的幹細胞。

對老鼠而言，豐富的環境是有玩具，可以用各種方式玩耍的環境。而對於人類來說，豐富的環境是可以感受到四季的變化，或是在太陽西下前，感受一整天從日昇到日落的變化。有時花開，有時葉子變紅；有晴空萬里的日子，也有打雷閃電的時候。融入大自然地生活是一件很重要的事。

假如家裡有庭院，也可以感受到四季的變化，但如果你是住在大樓裡，請在陽台擺些植物，讓自己能夠觀察到變化。飼養寵物可以爲生活帶來刺激，也是個不錯的選擇。

若是需要整天在床上度過，千萬不要選擇窗外什麼都看不到，或是除了牆壁以外只有天花板，其他什麼都沒得看的房間。這樣大腦的功能會逐漸衰退。請至少把床放在可以看到窗外變化的地方，並在房間裡擺植物或魚缸，讓房間裡有些變化。

在豐富的環境＝會刺激大腦的環境中，有可以與人交流的地點也是重要關鍵。前面提過我讀大學時所做的年長者調查中，關於「喜歡的住宅」的部分，提到有關「會與附近鄰居交流」的回答要比「會與家人交流」還要多，甚至多出一．四倍。

如果從宏觀的角度來看，住宅也展示了個人與社會的關係。例如落地窗、廊台、庭院，可以在對外敞開的部分與人交流的房子經常會帶來刺激，相信大腦也會因此被活化。

「小孩」是極具刺激性的存在，因此能吸引住附近的小孩或孫子隨時來玩的房子最棒了。也就是那種小孩會來廊台玩一下，然後在喝完茶之後回家去的房子。

現在很多房子是以「關起來躲著」的構造面對附近的鄰居，不僅外牆沒有窗戶，還布置了許多面向室內庭院的窗戶，就算有庭院也是室內庭院，無法從外面看進來。這樣或許防盜性高，也能保護隱私，但很難認識附近的鄰居。果然還是對外敞開的家，比較能讓年長者過上充實的生活。

有的人老後會從獨棟住宅搬到大樓居住，人隨著年紀越來越長，與社會的連結會逐漸變弱，令人心生不安。

如果要住在公寓大樓，我建議盡可能選擇住在低樓層。低樓層可以聽見小孩的聲音或狗叫聲、走在路上的人聲等，會有來自外界的刺激。

而且有的高樓層住宅無法打開窗戶，聽不見雨落在地面的聲音，有時根本不知道到底下雨了沒。除此之外，高樓層會讓人在心理上感覺距離一樓很遙遠，可能會令人有懶得出門的傾向。

假如有空間，可以在大門附近放一張長椅來代替廊台，這樣一來就能和來拜訪的人，或是同樓層的人坐在大門前面聊天。

廊台是會有人隨時來拜訪的原因，因此我們可以透過擺放長椅，讓它成爲引發之前沒有過的行爲的契機。

如果大門前不方便放長椅，也可以在落塵區放張小椅子。若是這個方案也不行，請選擇至少一樓（大廳或門廳）有放置長椅或椅子的大樓。

人類是無法獨自生存的動物，活動減少且行動範圍變狹窄的年長者要是一個人生活，有時會很難積極地主動採取行動。房子的布置決定了年長者是否能與大自然或人產生互動。

住宅擁有能讓人自然地與外部互動的布置，對年長者而言是豐富的環境。

- 選擇能夠接觸到大自然或人、小孩，會為生活帶來刺激的豐富環境。
- 如果住在公寓大樓裡，要選擇低樓層。
- 如果需要整天躺在床上，床要放在可以看見窗外變化的地方，並且要在房間內放置植物或魚缸。

照顧父母的人必須注意的重要觀念

我想提醒在家照顧高齡父母的人：「請把父母當作『有行爲能力的人』對待吧」。

針對年長者打造的無障礙建築曾在一時間引起討論，但近來連相關的專家們也不認爲無障礙環境全都是優點。

因爲要是不在能走的時候走路，或是越來越少使用可用的身體機能，身體機能會持續退化，因此**探討的主題變成了可以讓身體機能在健康的狀態下停留多久**。而且如果是自己的家，就算家中有些高低差或障礙物，身體也會記住，在家生活就能自然地鍛鍊肌肉。

等到年長者眞的走不動、腳抬不起來時，再來考慮無障礙環境也不遲。要是你抱持「他們年紀已經到了」「趁現在先弄起來會比較好」「因爲他們是老人了，三餐也必須幫他們全都做好」之類的想法，什麼都幫父母準備好，他們的身體機能將會漸漸衰退，變成「沒有行爲能力的人」。就像那位得了失智症後來會畫花的女士，人不論到了幾歲都有產生新行爲的可能性。請用想要開發未知可能性的心情，把父母當作「有行爲能力的人」來對待。

以下是題外話，我問了照顧過父母的人，很多人都表示「雖然很辛苦，但在最後能與父母待在一起，眞的是一段很幸福的時光」。照顧人眞的非常疲累，不過完成之後，幸福度和滿足度都很高。

他們告訴我：「我後來明白，照顧父母不是爲了父母，而是爲了自己。」

孩子也能在照顧父母這件事上確認「因爲有父母，才會有我」，讓人得以加深與家人間的羈絆和愛。

最終，住宅展現了「我們自己與各項事物的連結」，等到我們年事已高，將能再次確認親子之間的連結。我希望住宅是這樣的地方。

為了讓身體機能長期停留在健康的狀態，請把父母當作「有行為能力的人」對待，明白家是鍛鍊肌肉的地方。

衝刺期　工作和生活一切順利的居家布置法則

把視野的左邊清乾淨

剛入學、剛就職、剛轉職、剛創業或正值事業上升期等，想要積極努力的人該怎麼把家裡布置成會讓人變得正向、自我肯定感上升的空間呢？

到目前為止已多次提到「自我肯定感」，但現實中的確有不少人難以想像住宅與自我肯定感的關聯。

請各位思考一下。即使是白天都在外面工作，只有睡覺才會回家的人，人生是不是也有二分之一的時間都是在家裡度過呢？家到底會對我們的潛意識產生多大的影響呢？〈第1章〉提過「家裡東西亂放導致自我肯定感低」的例子已說明了，住宅與自我肯定感有著密不可分的關係。

首先，請先把房子整理成訊息少的空間。〈第1章〉說過，光是資訊繁雜，大腦的能量就會被利用並消耗掉，而難以產生「想要積極向前邁進」的熱情，因此必須讓房間處在不會給人壓力的狀態。

話雖如此，把家裡整理乾淨是件很難讓人提起動力去做的事。

請先從最簡單的作法——「把視野左邊清乾淨、收拾整齊」（參見73頁）開始著手，即使不需大規模整理或重新裝潢，**也要先把視野的左側整理好。然後把你喜歡的、中意的東西等，會讓你心情變好、看了就有幹勁的物品擺在那裡。**

這個地點指的是你平時坐的地方，比方你通常都坐在電視機前的沙發，那就要把電視的左側清理乾淨。如果你常常坐在書桌前，那就把書桌的左側收拾整齊。

收拾是為了有效率地使用大腦的能量。如果要費一番功夫才能收拾好，就先把視野的左側整理乾淨，擺上會讓你心情變好的物品。

在視線上方貼上好話

我常會看到有人把「不要〇〇！」寫在紙條或便利貼上，再把它貼到牆上，目的是要約束自己，讓自己採取更好的行動，可是這樣其實會帶來反效果。

各位聽說過大腦無法理解否定句這件事嗎？

舉例來說，你寫了「禁止吃甜食！」後，大腦反而會開始想像「甜食」。

如果要貼，就請用正面的表現法。你可以選擇會讓人腦海浮現肯定的畫面、心情變好的話語或照片，貼的位置則建議選在比視線高一些的地方。前面已學過姿勢會影響心態，讓視線往上看心情也會變得正向積極。

人類爲了保命，比起正面的事情，本來就更容易去注意負面的事情。

「事情會順利嗎？」「大家是怎麼看待我的？」「我果然做不到……」等，這些腦裡的聲音，會在不知不覺中助長我們的不安。刻意把看了心情變好的話貼在視線所及的地方，就能讓我們換上愉快的心情，靠自己掌控大腦。

因此應該像〈第3章〉介紹的那樣，活用廁所的空間。

我會寫下能讓自己瞬間進入期望狀態的問題，貼在各個地方。

比方在廁所裡貼「你現在樂在其中嗎？」在洗手檯上貼「你此刻有在感受自己的感覺嗎？」在衣櫃的門上貼「你現在可以感謝的事情是？」

我進去廁所，看到站起來的視線前方出現「你現在樂在其中嗎？」這句話之後，就會覺得「沒錯，無論做什麼事都要樂在其中♪」，所以每當我進入廁所，心情就會好起來。

請你也試著找出對自己說些什麼，會讓自己瞬間變得正向積極的話。

把能讓自己瞬間變得積極正向的話語或照片貼在視線上方的位置。

讓視線上方變明亮，並吊掛綠色植物

為了讓自己變積極，我也推薦讓視線上方亮起來的布置。

我在使用電腦工作時，眼前有面白色的牆壁，我都會把燈光打到那面牆上，而且是照在比我目光平視的地方再高一些的位置。

人有趨光性，有著會被亮處吸引的特性，這點之前也已經提過。

白天使用電腦時讓眼前變亮會比較好，或者眼前是窗戶可以看得到外面的景色就更好了。**人只要注意比視線高的地方，心態也會變得積極。**

此外，**我也很推薦在比視線高的地方擺放植物。**

植物就如同前面描述的，具有降低壓力的作用，綠色能讓肌肉放鬆，也可以舒緩眼睛的疲勞。

如果是空間狹小，沒有地方擺放植物的人，或許可以嘗試把植物懸掛在天花板或窗簾桿上。把植物吊掛在天花板或窗邊其實意外地簡單。

可以在天花板釘上或在桿子上吊掛掛鉤，大概能支撐五公斤內的植物吊盆。租屋處不能釘掛鉤時，也可以在窗簾桿上掛S型掛鉤來吊掛盆栽。

把植物放在地上不僅會占地方，打掃起來也麻煩，掛起來一石二鳥。視線的上方若有植物，在看植物時視線會往上，心情也會跟著變好。

人會被亮處吸引，
所以要讓視線上方亮起來，打造讓視線朝上的布置。
在比視線高的地方擺放植物，或把植物懸掛在天花板之類的地方。

擺飾獎狀或獎盃

如果你想讓自己有自信，請把贏得的獎狀或獎盃擺出來吧！努力考到的證照、證書也可以。

把奮鬥得來的獎盃或獎牌收起來實在太可惜了，那些都是你表現優秀和努力過的證據，請把它們擺在顯眼的地方。這樣它們不僅在遇到事情時會成爲鼓勵你的力量，也會讓你產生「沒錯，我那時候都能做得那麼好了，這次也不會有問題」的念頭。

擺出和朋友或家人一起開心出遊的照片，也會讓人感覺到「我不是一個人」，而爲自己帶來信心。每當看到那些照片時，就會想起「身邊有愛我的人，也有會擔心我的人」。

除了照片之外，也請把會讓自己心情變好、看了就覺得開心的物品盡可能地擺出來。

正面的情感會帶給我們動力和能量。

我把正面的情感大致分成六類，也就是57頁表格提到的，滿足人類需求的「快樂」底下的四列「想獲得的情感」，再加上兩種情感，分別是會提升「興奮、充滿活力、愉快、感興趣、希望」這些能量的情感，還有會讓人感受到「敬畏、愛、感謝」，內心深受觸動的情感，這六類是會讓人變得積極的正面情感。請找出會讓你產生這些情感的物品，把它們擺在房間裡看得到的地方。

把會讓人變得正向積極、湧現能量的物品，以及作為努力證明的獎狀和獎盃裝飾在房間裡。

什麼才是你眞正的目標？

你想要積極努力去實現的目標是什麼？你想要內心充斥著什麼樣的情感？

我想對積極努力的人傳達——

人即使達成了目標，也會馬上找出下一個目標繼續努力。如果過上重複這麼做的人生，在外人眼裡看來，就像是度過了非常充實的人生。

可是卻有不少那麼做的當事者覺得「我明明很努力了，卻莫名有種空虛感，內心無法被滿足」。會那樣是因爲他們把「營業額」「成績」「按讚數」等表面的事物當作目標。很遺憾地，那樣不論過了多久，他們的內心都不會感到滿足。

營業額或成績的提升，滿足的是他們對自我肯定或對他人認可的需求。他們打從心底希望藉由取得好成績來獲得他人的誇獎，可是萬一成績提升了，卻沒有受到誇獎的話，會發生什麼事呢？他們很可能到最後仍然感覺「不夠、不夠」而繼續努力下去。

人想要實現的不是成果，而是實現那個目標時感覺到的情感。人在希望獲得某人的認同、不想被討厭、覺得自己有所欠缺時，內心不會眞正滿足。

如果你想要過上做任何事都會興奮不已、充滿活力又開心，覺得人生充滿希望的生活，要做的第一件事就是滿足自己的基本需求。為了達成這個目標，請準備好能讓自己感受到安心、安穩、愛與驕傲的容身之「包」。請務必參考本書的內容，仔細地確認自己「是否眞的可以感覺到」你希望感受到的情感。

你若想要活得生氣勃勃，請盡量允許自己去感受「快樂」的情感。不努力也沒關係，你已經夠好了。

想要過上積極的生活，就要先打造滿足自己情感需求的「包」。

第4章總結

「整頓好自己和家人的歸屬就能變幸福」的居家布置

為了讓人生過上更豐富且幸福的生活，住宅布置中很重要的一件事，就是不論你是哪個年齡層，都要在感受到「我可以待在這裡」的歸屬感的同時，擁有讓自己感到安心，受到保護的容身之「包」。人生每個不同階段都有不同的住宅需要，即使不是現在，我也希望你到了那個相應的階段時，能再打開本書參考一下你適合的主題布置。

核心家庭

□ 孩子本來就是「完整的」存在，父母不要去控制小孩。如果想要加速孩子的自然成長，必須交由孩子的自主性去做決定。

□住宅是親子調節距離的工具。利用拉門等方式，打造孩子可以自然調節與父母間距離的布置。小孩房不是父母「給」的，而是孩子「擁有」的，把小孩房交給孩子處理，讓孩子自然而然地開始使用它。

□不要選擇會對孩子帶來不良影響的空間格局。具體作法如下：

- 讓小孩房必須從客廳或餐廳、廚房進去，但不要把客廳變成通往每個房間的走道。
- 小孩房要布置在離客廳或父母臥室近的地方。
- 不要把小孩房設在一樓或別院。
- 養成家人聚在一起的習慣，打造大家可以一起愉快地放鬆休息的地方。
- 即使身為父母，也要維護小孩的隱私，不要在小孩的房門裝上透明玻璃。

銀髮族

□為了順利過渡到新生活，要帶上擁有回憶或令人依戀的物品去新環境。

□在自己的容身處擺放喜歡的東西、有自己風格的物品，盡量依自己想要的方式布置房間。

☐ 要花心思利用豐富的環境來讓大腦獲得刺激。具體作法如下：

- 選擇看得到外面，可以感受到四季變化和時間推移的房子。
- 選擇有可以接觸到大自然的陽台或露台的房子。
- 為了能和附近的鄰居交流，要在大門前擺張長椅。
- 如果是住在公寓大樓，要選擇聽得見外面樓下的聲音、靠近一樓的低樓層。
- 如果需要整天躺在床上，床要放在可以看見窗外變化的地方，並且要在房間內放置植物或魚缸。

☐ 就算父母的體力衰退，也不要因為上了年紀就視他們為「沒有行為能力的人」，反而要看作「有行為能力的人」來對待。

☐ 為了盡可能讓身體機能維持得久一點，要意識到家裡就是鍛鍊肌肉的地方。

衝刺期

☐ 減少訊息傳入視線是為了有效率地使用大腦的能量，首先要讓視野的左側變清爽，再擺上會讓心情變好的物品。

□在視線上方打造會讓人變積極的布置。
- 把能讓自己瞬間變積極的正向話語或照片貼在視線的上方。
- 人會被亮處吸引，所以要讓牆壁變亮，讓視線往上看。
- 擺放植物或在天花板懸掛植物。

□把作為努力證明的獎狀和獎盃裝飾在房間裡。

□想要過積極的生活，就要先滿足個人的情感需求。

終章

居住環境改變了，一切都會發生變化

了解「空間設計心理學」，
邁向幸福的人生

不是滿足客戶的要求就能蓋出好房子

「住宅擁有改變人生的力量。」

我是眞心這麼認爲的。

即使是符合自己的理想，一看就覺得很棒的住宅，也不一定能夠讓人過得幸福。有時就連當事人也不知道自己眞正想要的是什麼。

前陣子我上了電視節目後，有人因爲看到該節目，跑來找我幫忙看看房子的格局。對方表示：**「希望你能幫我們看看，我們夫婦是否能在這個空間格局裡過上健康又幸福的生活。」**考慮到個人隱私，以下只分享部分諮詢內容和對話。

大約五十歲的上班族丈夫，以及打算開一家咖啡廳的妻子準備要過兩人生活。他們帶了從兩家公司拿到的平面圖和報價單來找我，一家是知名的建商，另一家則是當地的建設公司。我看過之後，發現兩家配置的空間格局基礎結構很相似。

兩層樓的住宅，一樓是妻子之後要經營的咖啡廳店面，二樓則是居住空間。我診斷完這對夫妻對住宅的需求，以及他們的特性是否適合這兩個空間格局後，很遺憾地得出「這兩個空間格局都無法讓你們夫妻過上幸福生活」的結果。

這對夫妻希望能在新家「放輕鬆、悠閒地生活」，但那兩個空間格局都與他們的需求相差甚遠。

不要說過上幸福生活了，住在裡面根本會變成過著充滿壓力的生活！兩個都是無法只靠些許調整就解決問題，令人震驚的空間格局。建商和建設公司應該都是希望讓客戶能幸福，但爲什麼會設計出這樣的空間格局呢？

考量妻子想經營的咖啡廳，一樓的店舖被視爲優先考量，這導致居住空間變得十分狹小。客廳和餐廳被配置在房子的北邊，不僅採光不佳，還落在通往其他房間的動線上，是典型的無法讓人放鬆、東西容易亂放、夫妻難以進行對話，很難感受到彼此的連結和安心感的空間格局。

這不但會使夫妻倆的基本需求無法被滿足，還會產生不安或悲傷，以及不滿的感受。

除此之外，建築費用也高出兩人的預算許多，他們準備的預算大概是五千萬日元（兌換台幣約一千一百萬），然而我問了他們目前報價出來的金額後，妻子竟然用顫抖的聲音說「要一億……」。

我一臉的驚訝，那位丈夫動作僵硬地頻頻說著「我會努力的，如果我不只白天工作，晚上也工作、晚上也工作的話……」。看得出來他非常想要幫助妻子圓夢。

我聽得實在很心痛，眼眶忍不住泛淚。

必須努力到那樣的程度，才買得起的房子；爲了償還貸款得日以繼夜地工作，減少夫妻相處時間的房子。

我詢問妻子想要開咖啡廳的眞正理由，妻子說是因爲她白天一個人在家很寂寞。可是就算買了新房子，丈夫的工作也會變得比現在還要忙碌，甚至可能都沒辦法回家吧。

建商和建設公司會做出那樣的設計，都是爲了客戶。既然客戶要求「我想要開咖啡廳」，執行的那一方自然會想盡辦法達成。一般來說，要掌握客戶眞正的需求不是件容易的事，**因此在一一回應客戶充滿夢想的要求時，執行的那一方很有可能會在不知不覺中，變得把焦點全都集中在回應要求上。但，不是滿足客戶的要求就能蓋出好房子**。

這對夫妻眞正的願望是「想要在露台的椅子或曬得到陽光的沙發上眺望庭院，悠閒地放鬆休息」「想要望著庭院的花朵和跑來跑去的愛犬，好好欣賞這幅景象」。換句話說，**他們眞正想要的是能夠感受到輕鬆、安心、安穩、珍愛等情感的住宅**。

「假如捨棄咖啡廳，兩位覺得如何呢？」

我這麼問道。讓一樓有寬敞的客廳和庭園，可以在那邊種種植物、養狗、悠閒地喝茶……沒錯，不執著於咖啡廳，也可以獲得這對夫妻想要的房子，而且造價還比他們準備的預算低很多。

我希望大家買房子是爲了在人生中獲得幸福，如果你因爲買房子而使人生變得辛苦，就失去買房子的意義了。**重點不在於回應要求，而是引導出藏在要求下的，「想要感覺到的情感」並且滿足它**。

「平面圖雖然要重新規畫，但爲了幸福的未來，讓我們去完成眞正重要的事吧，能在興建之前發現眞是太好了。」

我這麼說道，這對夫妻和我，三個人都落下了眼淚。

●「空間設計心理學」是這樣誕生的——主詞從物體變成人

空間會影響到人的心理、身體、行爲、習慣、性格、意識、人際關係等層面。

我了解當大家看到ＩＧ上有人上傳漂亮的房子或室內裝潢時，會心懷憧憬，產生「好好喔，我也想要模仿」的心情。不過就算你收集很多漂亮的物品，也打造不出來你眞正想要的房子，或是能滿足家人內心需求的住宅。

很多住宅在建造時，談的幾乎都是空間格局或廚房、壁紙、家具等「物體」。

因爲是在設計物體，所以問的也會是「什麼樣的室內裝潢比較好？」「要選什麼樣的壁紙？」「這裡的家具要怎麼安排？」之類的問題，然後提出「這裡的裝修收尾……」等建議，主詞都是「物體」。

相較之下，以空間設計心理學®爲基礎規畫的空間設計會花許多時間來了解「你」，這都是爲了要設計你的「心理與行爲」。空間設計會運用特別的聆聽法（生活設計領航員法®，Life design navigator）來引導出你想要感覺的「快樂」情感是什麼（＝你眞正渴望的需求），執行能夠滿足那些情感的提案。過程中通常會詢問「你平時都坐在哪裡？」「你想用什麼樣的心情在這裡生活？」等，再建議「如果要滿足你想感覺到的情感，會是這樣的空間格局、這樣的修飾收邊、這樣的燈具、這樣的家具」，主詞都是「人」。

乍看之下與住宅沒有直接關聯的夫妻關係或孩子的成長，甚至是每天的壓力和自我肯定感，其實都受到空間很大的影響。各位若是從頭讀到這裡，應該會懂得我的意思。

待在什麼樣的地方才能放鬆，又或者在什麼樣的地方才可以專心工作或念書，這些都會因為當事人的個性或對環境敏感度等特質而有所不同。

所以空間的改變當然不是基於「物體」，而是基於對住在裡面的「人」能有多深入的了解。

●爲什麼大家都不在意住宅或環境？

空間設計心理學是以生物的角度來設計「讓人幸福生活的心理與行爲」，它把**用來理解人類的各種科學融入建築、室內裝潢、色彩等知識中，是「能夠真正滿足人內心的空間規畫知識」，它不僅會自然地促成理想的心情和行為，還會透過空間幫忙實現人想要滿足的需求。**

空間設計心理學的領域很廣，涵蓋多種心理學（環境心理學、發展心理學、家庭心理學、行爲心理學、演化心理學、情緒心理學、知覺心理學等）以及腦科學、認知科學、生態學等，如恆河沙數的科學爲基礎。

我小時候曾經被霸凌，這個經歷在我心裡留下遺憾，覺得「他們明明是好孩子，爲什麼要做那些不好的事？」莫名地興起想讓悲傷的人、痛苦的人變少，希望看到人美好的一面，而不是可悲面貌的想法。

首先，我學了營養學，因爲我認爲食物在人的幸福和健康中占了很重要的位置，學營養學是很棒的事，但我沒有找到想做的工作，最後以秘書的身分進入大規模的貿易公司上班。

當秘書的那幾年，我心中湧現了想取得一技之長，希望活出自我的想法，於是去上了室內設計的專門學校（Felica居家設計專門學校的前身。專門學校是日本特有的學制，意指學習專門技術的學校），並在之後取得了一級建築師證照。

現在想想，建築和營養其實是一樣的，食物從嘴巴進入人體，打造了人的健康，所以很多人都會花心思在食物上。

建築和空間也會從眼睛、耳朵、皮膚帶給我們很多訊息，進食是早、午、晚一天三次，可是來自空間的訊息卻是二十四小時持續從全身輸入。要說是那些訊息造就了我們也不爲過。

「爲什麼人會花心思在食物上，卻在談到住宅或環境時只注意外觀，不去在意從中受到的影響呢？」

我的心中浮現了這樣的疑問。**人們即使辨識得出品味好的房子或住起來方便**

舒適的房子，卻沒有意識到空間裡各式各樣的訊息造就了自己。於是我興起一種想法，覺得沒注意到居住空間會以訊息的方式不斷被自己接受，是一件很可惜的事。

就在這個時候，我母親因爲大腿骨折住院，從她住的病房窗戶看出去，只能看到隔壁病房大樓的白色牆壁。她在連外面天氣如何都看不出來的病房裡，待了超過兩個月的時間。

等到她終於可以坐著輪椅移動，她去了醫院的交誼廳。那裡照不到太陽，只有自動販賣機獨自散發出冷白的亮光。日光燈一閃一閃的，一副隨時會熄滅的樣子，枯萎的觀葉植物命若懸絲，沙發的塑膠皮面也破舊不堪。

交誼廳明明應該是給住院病人休息的地方，那個空間傳達出的訊息卻像是在說「你是個活在陰暗處的人，因爲你是病人，所以不具備人格，請不要要求舒適度，醫院的員工們很忙」，是個令人感到非常悲傷的空間。

之後，我母親恢復到可以坐著輪椅去醫院外頭時，她說她在看到一株開著花的櫻花樹時，流下了眼淚。

我母親天性活潑開朗，但住院的這段期間讓她漸漸失去活力，人也變得陰沉許多。不僅如此，原本只有腳骨折，後續卻演變成身體好幾處的健康狀況變壞。

我想盡辦法讓母親早點離開，一刻都不想多待，所幸她終於出院了。而且不到一個禮拜，就變回了原本開朗的母親，我這才放下心來。

我原本以爲在醫院就會變健康，果然看重實用性和效率優先時，我們往往看不到重要的東西。我深刻體會到「想要改變空間設計，就需要有科學的根據。在住宅裡自由自在地活出眞實的自己，是很重要的事」。

在這之後，我考進了早稻田大學的人文科學學院，插班就讀二年級。我在那裡遇上不能說是偶然的機運，我跟小島隆矢教授學到了找出眞正需求的方法——評價構造法®（Evaluation Grid Method，由關東學院大學名譽教授，讚井純一郎開發）。

自從我遇見即使打造了收納空間，卻還是責備自己的客戶後，我不斷摸索能夠掌握客戶眞正需求的方法。

在一邊工作一邊念研究所的六年間，埋頭研究空間是如何影響人的健康和幸福，我過著每天工作到晚上十二點，回家後繼續念書到凌晨四點，接著睡到九點後又去上班的日子。

因爲住宅和空間的關係，人會變得悲觀，或是狀態會變得不好。我希望不要再有人因此露出哀傷的神情，空間其實可以讓人更幸福，我是這麼相信的。

其實我在插班就讀大學前離婚了。我與另一半相處得不順利，這讓我感到很沮喪。不過自己若不能眞正幸福，絕對沒辦法帶給別人健康和幸福，所以我同時也在追求讓自己眞正的幸福。

我念大學和研究所時，也花了很多心力在滿足自己。我去參加研討會，學習教練學和靜心。我沒有把自己局限在日本，爲了滿足內心，在全世界學習所有需要的能力。

我把「何謂人類、人類要如何變幸福」這一點，加進一般稱之爲「建築」的物體中。換句話說，就是累積了非常多關於幸福的研究。我從中提取可以運用在空間的精華，並將之系統化，然後再更進一步地結合評價構造法®和實現幸福的方法，開發出獨創的聆聽法，最後完成的就是「空間設計心理學」。

從我遇到即使有收納空間也無法收拾，因而責備自己的客戶算起，已經過了二十五年，而我終於找到了答案。

幸福會傳遞，只要準備好安身立命之地，一切都會步上軌道

住宅本身就是人生。

我多次提到擁有「自己的容身處」的重要性，有很多人都說他們「放鬆不下來」「備感壓力」，大多數的原因都是沒有一個能讓他們感到安心的小窩。令人困擾的是，他們自己通常都沒發覺那是「缺乏歸屬感」造成的。他們甚至沒注意到自己眞正想要獲得的情感，老是覺得「好像少了什麼」，拚了命地想賺取金錢、名聲、物質等表面的東西。

我認爲住宅必須大致滿足兩種需求。

其中一項是**「準備好人類能盡情活著的生存環境」。也就是說，要能滿足人的基本需求**。它必須是一個能讓人從不經意的對話中共享體驗，感覺到自己在不知不覺間被家人或同伴接納，而且不論是一個人還是和大家待在一起，人都能做自己的住宅。

另一項則是每個人**「都能用真實的自我活力十足地成長，培養出貢獻社會的生活方式」**。換句話說，就是要能滿足人自我實現和自我超越的需求。它必須是可以讓人自己去做眞正想做的事和成長，培養出對社會有幫助的人的住宅。

基本需求若是沒被滿足，人就無法獲得眞正的健康和幸福。必須先滿足基本需求，才能實現許多人期望的「用眞實的自己發揮長處來自我實現」的生活方式。所以**居家布置最重要的就是準備好心靈和身體的容身之「包」**，爲此有三個必做的步驟。

① **知道自己真正想要的是什麼（需要什麼）**

② **知道人類共通的特性和自己的特性**

③在理解空間的影響後，準備好適合自己的住宅

舉例來說，假如你想要養貓熊，就需要先知道貓熊適合怎樣的環境、貓熊會有怎樣的心理狀態和行爲模式、貓熊的特性，以及了解那隻貓熊需要什麼和牠的個性，再以此爲基礎準備好環境。我們要做的就是像這樣的事。

前面已不斷提到我希望透過住宅配置讓人獲得幸福，**內心的安穩和能夠感受到發自內心的喜悅，對真正的幸福來說很重要。擁有這些感受和「我可以待在這裡」的安心感，會讓人光是待在裡面就能獲得滿足。讓我們一起把住宅變成這樣的地方吧，只有自己才能在真正的意義上解決「無處容身」的問題。**

一旦你發自內心感到滿足，整個人將洋溢著幸福，那股能量也會向外擴散，你傳遞給家人或同伴的幸福，會再傳給他們周遭的人。

如果要用更淺顯易懂的方式說明，就是你自己沒辦法感到滿足時，也就不會有考慮到他人感受的餘裕，會變得總是只想到自己，視野狹窄。只有在自己獲得滿足

後，注意力才會開始向外擴張。

如果把你的家布置成自己和家人都能感到滿足的場所，你們就會開始注意到所在的社區、萌生想當社區志工幫忙撿垃圾，或是想要幫助在地孩童的想法，而這股能量將會擴散到社會、地球，甚至整個宇宙。

所以滿足自己就是在促進世界整體的和平和幸福。

幸福是從你此刻所在的「這個地方」開始的。

你此刻所在的「這個地方」對你來說是待起來舒服的場所嗎？

你現在有感到滿足嗎？

結語　透過空間讓世界充滿愛與光輝

「透過空間讓世界充滿愛與光輝」——這是我的使命。

我認爲住宅是幫助我們獲得幸福的工具，而空間規畫就是創造幸福的手段。住宅是我們會花費半生時間待在那裡的地方，如果內裝是不能促成對話的空間格局或家具布置，就算我們想要「努力讓夫妻間有話聊」，也會需要付出非常大的努力。在你努力到累倒之前，要不要試著稍微改變一下家裡呢？

空間會比意志對人生帶來更強烈的影響，所以讓我們把住宅變成提供你人生協助的空間吧。

如果你遇到了困難，請協尋持有空間設計心理學證照的人，我相信他們會聆聽你的煩惱，引導出你眞正的需求和辨識出你的特性，和你一起推導出解決的方案。

科學日新月異，有幾個研究結果沒辦法像本書中的內容那樣單純地普及，儘管如此，假如我能成爲中間的橋梁，讓一些研究者留下來的成果對實際的空間規畫有所幫助，我會很高興。我也會繼續進行研究，讓空間設計心理學發展下去。

希望你能更輕鬆、更自然地活出綻放你原本光彩的幸福人生。

最後，都是多虧有溫暖地守候著我、爲我加油的青春出版社的野島純子小姐與其他相關人員，還有包含教導我人文科學、建築、心理學等知識的小島隆矢教授在內的早稻田大學的老師們，以及仲川孝道老師、諸富祥彥老師、三島俊介老師、眾多研究前輩、委託工作給我的客戶、所有持有空間設計心理學證照的人和來參加講座的學員，以及我的同事村田、大辻、川原、我重要的家人和遠古的祖先們、素未謀面的各位及物品們，因爲你們才有今天的我，眞心感謝。

Eurasian Publishing Group 圓神出版事業機構 用心與你對話・視野無限寬廣
如何出版社 Solutions Publishing
www.booklife.com.tw
reader@mail.eurasian.com.tw
Idea Life 040

居家布置的心理法則：一點點變動就能創造幸福

作　　者／高原美由紀
譯　　者／陳靖涵
發 行 人／簡志忠
出 版 者／如何出版社有限公司
地　　址／臺北市南京東路四段50號6樓之1
電　　話／（02）2579-6600・2579-8800・2570-3939
傳　　真／（02）2579-0338・2577-3220・2570-3636
副 社 長／陳秋月
副總編輯／賴良珠
責任編輯／張雅慧
校　　對／張雅慧・柳怡如
美術編輯／金益健
行銷企畫／陳禹伶・鄭曉薇
印務統籌／劉鳳剛・高榮祥
監　　印／高榮祥
排　　版／杜易蓉
經 銷 商／叩應股份有限公司
郵撥帳號／ 18707239
法律顧問／圓神出版事業機構法律顧問　蕭雄淋律師
印　　刷／祥峰印刷廠
2024年5月 初版

定價340元　ISBN 978-986-136-695-1

住宅擁有改變人生的力量。
不是滿足客户的要求就能蓋出好房子。
人們想要的是能夠感受到
輕鬆、安心、安穩、珍愛等情感的住宅。
重點不在於回應要求，而是引導出藏在要求下的，
「想要感覺到的情感」並且滿足它。

——《居家布置的心理法則》

國家圖書館出版品預行編目資料

居家布置的心理法則：一點點變動就能創造幸福／
高原美由紀 著；陳靖涵 譯. -- 初版 -- 臺北市：
如何出版社有限公司，2024.5
224 面；14.8×20.8公分 --（Idea Life；40）
ISBN 978-986-136-695-1（平裝）

1.CST：家庭布置　2.CST：空間設計
3.CST：室內設計

422.5　　113003704